AI时代的工作

THE WORK OF THE FUTURE
Building Better Jobs in an Age of Intelligent Machines

[美] 戴维·奥托　　David H. Autor
　　 戴维·明德尔　　David A. Mindell　　著
　　 伊丽莎白·雷诺兹　Elisabeth Reynolds

向晶 译

中信出版集团｜北京

图书在版编目（CIP）数据

AI 时代的工作 /（美）戴维·奥托，（美）戴维·明德尔，（美）伊丽莎白·雷诺兹著；向晶译. -- 北京：中信出版社，2025.5. -- ISBN 978-7-5217-7471-9
I. F49
中国国家版本馆 CIP 数据核字第 2025008YB4 号

The Work of the Future: Building Better Jobs in an Age of Intelligent Machines by David H. Autor,
David A. Mindell, Elisabeth Reynolds
Copyright © 2021 Massachusetts Institute of Technology
Simplified Chinese translation copyright © 2025 by CITIC Press Corporation
ALL RIGHTS RESERVED
本书仅限中国大陆地区发行销售

AI 时代的工作

著者：　　［美］戴维·奥托　　戴维·明德尔　　伊丽莎白·雷诺兹
译者：　　向晶
出版发行：中信出版集团股份有限公司
　　　　　（北京市朝阳区东三环北路 27 号嘉铭中心　邮编　100020）
承印者：　三河市中晟雅豪印务有限公司

开本：787mm×1092mm　1/16　　印张：14　　　　　字数：140 千字
版次：2025 年 5 月第 1 版　　　　印次：2025 年 5 月第 1 次印刷
京权图字：01-2025-0852　　　　　书号：ISBN 978-7-5217-7471-9
　　　　　　　　　　　　　　　　定价：68.00 元

版权所有·侵权必究
如有印刷、装订问题，本公司负责调换。
服务热线：400-600-8099
投稿邮箱：author@citicpub.com

目录

"CIDEG 文库"总序 ·· V
序 罗伯特·索洛 ··· VII

第一篇

第一章 前言 ··· 003

第二章 劳动力市场和经济增长 ······························ 015
  技术变革的两个事实：任务自动化和创造新工作 ········· 017
  不平等扩大和大分化 ·· 024
  就业两极化和工作质量分化 ································· 030
  重建就业机会的扶梯 ·· 034
  国民收入中的劳动份额持续下滑 ··························· 037
  美国从不平等中得到了正回报吗？ ························· 040
  为什么生产率提高的同时美国工人生活如此贫困？ ······ 044

第三章 技术和创新 ·· 049
  历史总是惊人的相似：技术的长周期 ······················ 055
  今天的人工智能和工作的通用智能化 ······················ 056
  软件：看不见的机器人 ·· 059

看得见的机器人：无人驾驶汽车、仓储配送及制造业 …… 068
无人驾驶世界的运输工作 …… 071
仓储和配送 …… 075
工厂灯光是熄灭抑或只是暗淡？ …… 082
"令人意外的发现是并非到处都是机器人"：中小企业 …… 088
即将出现的重要技术：快速成型技术 …… 092
巨大的影响正逐步显现 …… 095

第二篇

第四章　教育和培训：找到好工作的路径 …… 099
教育和培训的回报 …… 102
行业培训计划 …… 105
公共和非营利培训计划 …… 108
失业人员 …… 116
私人部门对培训的投资 …… 117
未来推进的关键领域：筹资、区域政策和创新 …… 119
新教学法：在线教育 …… 123

第五章　工作质量 …… 127
失业保险制度：我们是如何走到今天的？ …… 131
制定有意义的最低工资法规 …… 135
工人是利益相关者 …… 140
小结 …… 150

第六章　支持创新的制度 …… 151
联邦政府在研发中的角色 …… 153
生产率、创新和持续下滑的联邦研发投资 …… 158

美国创新政策和制度的发展方向 ················· 160

第七章　结论和政策建议 ······················· 169
　　技能和培训方面的投入和创新 ··················· 172
　　提高工作质量 ······························· 174
　　扩大和形成创新 ····························· 177

致谢 ······································· 180

注释 ······································· 182

麻省理工学院未来工作特别小组研究简报清单 ············ 205

麻省理工学院未来工作特别小组成员 ················ 207

"CIDEG 文库"总序

2006 年，CIDEG（清华大学产业发展与环境治理研究中心）文库在时任 CIDEG 主席陈清泰等人的领导下设立。目前 CIDEG 文库已经连续出版了 17 年，主要讨论许多国家工业化发展的经验，以及处理经济成功实现快速发展带来的环境影响和其他重要议题的方法。

CIDEG 文库第一任联合主编青木昌彦教授（于 2015 年故世）与吴敬琏教授，以及 CIDEG 领导团队的其他成员一起为广大读者，包括学生、学者、官员、企业家和所有对此感兴趣的人，精心挑选了相关书籍，旨在从比较的视角理解不同经济制度的发展过程，从过去的经验中汲取教训，并以此为未来工业发展和环境治理政策提供信息。

对于我们两人来说，能够继续青木教授和吴教授开创的宝贵事业，是一种莫大的荣幸。客观地理解不同经济制度的演变、从具有不同历史经验的经济体汲取适当的政策教训，这一点的重要性非但没有减弱，相反，在这个日益分裂和孤立的世界，努力实现不同经济制度之间的相互理解比以往任何时候都更加重要。

我们希望 CIDEG 的研究，尤其是 CIDEG 文库，能在深化我们对不同经济制度的理解方面继续发挥作用。经济上的差异反映了各种历史偶然和经验，但这些并非一成不变。用一种普遍的理性框架来理解这些差异，我们可以努力在全世界鼓励有益的制度变革。

江小涓

星岳雄

2023 年 8 月

序

罗伯特·索洛[*]

我是在2021年1月的最后一周给本书写序的，60年前，同样的时间，我们一家刚抵达华盛顿，开启我在肯尼迪总统经济顾问委员会为期一年的工作之旅。当时美国经济还没有从1960年"典型的战后衰退"中走出来，我记得，失业率大概在7%左右。

此时，还出现了另一个更困难的问题。二战后发生的三次典型衰退都伴随着一次比一次高的失业率。一些经济学家、许多国会议员以及财经杂志的编辑都指出，这种高失业率不同于以往的模式。它并不反映商品和服务需求的不足，而是反映了失业工人与就业岗位不适配的事实，也就是说，他们从事着并不适合自己的工作，掌握的是错误的技能，或者毫无技能，又或者接受了不适配的教育。这导致传统的财政政策和货币政策对降低失业率毫无作用。

每当出现意料之外的长期高失业率，大家就倾向于采用单一

---

[*] 罗伯特·索洛，麻省理工学院经济学名誉教授。他在1987年获得了诺贝尔经济学奖。

因素进行简单释疑。比如，将失业归咎于失业群体的特征。这种方式有一定的合理性，毕竟失业者的素质往往要比就业群体差一些。无论导致失业的真正原因是什么，正常的职业流动和职业选择过程最终会使素质最低的人成为失业的重点人群。当然，这并不意味着让没有接受培训的人接受培训就可以提高就业率。

我们做一个简单的类比：想象一下，某个体育馆要举办一场高中篮球比赛，体育馆里固定座位的数量是恒定不变的。如果观赛免门票，则到场观战的人数很容易超过座位数。那些积极且行动迅速的人很容易抢到座位，反应慢的人就只能站着。假设我们对没有抢到座位的人进行培训，让他们更积极、反应更迅捷，在下周比赛时，这些人将有很大一部分可获得座位，但座位总量是不变的。在现代工业社会中，得到一份工作远比抢球赛座位复杂得多，但两者间的逻辑是相通的。

对于经济顾问委员会推演合适的财政政策和货币政策来说，失业是一个重要事项。时任经济顾问委员会主席沃特·海勒（Walter Heller）布置给我的第一个任务就是评估当时正在兴起的结构性失业理论。这是在华盛顿而不是在麻省理工学院，我记得这项任务只花了我三周的时间。我最后得出的结论是，结构性失业的确存在，但没有任何证据显示它将持续增加。

显然，将失业归咎于失业者的特征并不是对超预期的长期高失业率所做的唯一的简单化解释。另一个同样常见的简单化解释是剧烈的技术变革。我第一次听到"自动化"一词是在1961年的辩论中。如今，我们又开始听说"机器人要来了"（或许某一天它们就真的来了）。

然而，当前的情况与那时有所不同。如果排除新冠疫情的影响，美国失业率本质上并没有呈现长期上升的趋势，至少目前还没有。但是，我们此刻正身处另一个更为复杂的环境之中。

过去几十年，美国实际工资率增速与单位工时产出增速基本趋同。这意味着两者之比，即产出中用于支付工资和薪水的份额没有变化。虽然短期内会有波动，但波动不大。这种情况在20世纪60年代后期和70年代初期似乎发生了变化，实际工资增速赶不上生产率的增速。这不是因为生产率提速，而可能意味着某种技术进步。差别就在于实际工资变化的滞后。这一情况引发了很多经济学解释，尤其值得一提的是戴维·奥托（David Autor）广为人知的发现：经济增长提供了大量的低工资和高工资岗位，但承载美国梦的中等技能岗位却消失了。与此同时，社会收入和财富不平等程度持续扩大。

还有很多因素都可以对此做出解释，且各因素之间并不相互排斥。比如，中等技能岗位可能转移到贫困的低收入国家；工人阶级逐渐失去了议价能力，工会在私人部门几乎消失不见就是明证；雇主们态度强硬；在集中度高的行业，大公司的市场势力（market power）甚至可能大幅度增强。问题不在于从一系列原因中挑出一个原因，而是衡量每一个原因的权重，但这很难做到。因此，如果失业是一种病，对症下药当然也就同样棘手。

此外，我不想给大家留下教育和培训是次要因素的印象。首先，维持一支适应能力强的技能劳动力队伍是提高生产率的关键。

其次，提高教育的可及性有助于缩小不平等，尽管美国在这方面显然做得并不好。最后，教育和培训可以维系共同文化和对公民身份的认同。我在这里想表达的是，更多或更好的培训并不一定会带来更高的就业率。

在 20 世纪前七十多年的时间里，美国资本主义用四分之三的国民收入支付工资和薪水。正如前文提到的那样，这一比例基本不变。然而，过去的大约四十年里，这一比例持续下滑。到新冠疫情暴发之际，国民收入中用于支付工资薪水的份额大约仅有三分之二。劳动收入在国民收入中的占比依然较高。在这一占比水平下，劳动力市场的任何重大变化必定对经济的其余部分产生影响，而这些影响又会反馈给劳动力市场。劳动力市场以外的扰动会直接影响劳动力市场中的结果。这就是为什么呈现在读者面前的这本书并不是要重谈未来技术需要新工作技能的老调，而是转向对经济的广泛调查和研究。毫无疑问，在未来的某个时间，或许是机器人到来之际，我们将需要另一份这样的研究报告。现在，让我们打开本书，看一看现在的人们正在思考什么。

第一篇

第一章

前言

十年前,智能手机还是新鲜事物,无人驾驶汽车尚未上路,电脑还无法与人对话交流。除了一两条装配线,机器取代人类工作的可能性还显得渺茫。然而,随着机器人和人工智能不断涌现的能力开始盘踞新闻头条,俘获大众的想象力,研究人员和评论员向社会警示:那些需要专业知识、判断力、创造力以及丰富经验因而长期被认为不会自动化的工作,将很快会由机器更好地完成。工业化国家民众对此的关注与日俱增。

为此,麻省理工学院前校长拉斐尔·赖夫（Rafael Reif）于2018年春季成立了麻省理工学院未来工作特别小组（Task Force on the Work of the Future）,致力于让公众了解新兴技术和工作之间的关系,就符合现实的技术预期展开公共讨论,探索共享科技繁荣的策略。特别小组的联席主席戴维·奥托教授、戴维·明德尔教授（David Mindell）和特别小组的执行主任伊丽莎白·雷诺兹博士（Elisabeth Reynolds）也是本书的合著者。特别小组的其他成员是来自麻省理工学院12个院系的20多名教员和20多名研究生。特别小组开展了大量调查研究,形成了众多研究成果,这些成果多以工作论文和研究简报的形式发布，本书对这些研究成果也多有引用（在本书的最后，我们将详细列出特别小组的研究成果）。

在深研未来工作的三年里，自动驾驶、机器人和人工智能迅猛发展。但世界并没有因自动化而改变，劳动力市场也没有。虽然有大量私人投资，但在各种概念进入中期试验，被整合进商业计划，并实现技术早期部署的同时，技术投入应用的最终期限还是被推后了，这也是令人惊叹的前景自然演变的一部分。在真正的技术能够投入现实应用，并满足挑剔的顾客和管理者的需要之前，必须经历这些看似普通不过的辛勤步骤。

我们的研究并没有证实机器人将工人赶出工厂、人工智能让人类的专业知识和判断力变得无足轻重的糟糕状况。但智能化发展的确会带来消极影响：在技术生态系统提高生产率、经济创造大量就业机会（至少在2019年新冠疫情暴发前）的过程中，我们发现，劳动力市场中的收入分配变得如此不平等，如此偏向于顶层收入群体，以至于大部分工人只能从大丰收中分到很小的一部分。

最近四十多年来，美国工人的工资增幅与生产率增速脱节。这种脱节造成严重的经济和社会后果：很多未受过大学教育的工人从事低薪、无保障的工作，劳动参与率下滑，向上的代际流动弱化，以及几十年来不断恶化的种族间收入和就业不平等，未曾有过实质性改善。尽管这些糟糕结果的原因之一是新技术，但它们并不是技术变革、全球化或者市场力量的必然结果。数字化和全球化带来的类似压力影响了大多数工业化国家，但这些国家的劳动力市场表现较好。

人类历史和经济学都表明，技术变革、充分就业和收入增长之间没有内在冲突。虽然任务自动化、创新和创造新岗位之间的动态互动往往是颠覆性的，但它们也是生产率提高的主要源泉。创新增加了工人在给定时间内完成工作的数量、质量和种类；反过来，生产率提高又使人类生活水平得到改善，人类事业蓬勃发展。在一个良性循环的经济体系内，生产率提高为社会提供了资源，以帮助那些因技术转型升级而失去生计的人。

如果创新不能增加就业机会，人们就会对未来心怀恐惧：担心技术进步在使美国变得更加富裕的同时，也对大多数人的生计造成威胁。这种恐惧将带来高昂的代价：政治和地区分裂、各种机构的公信力丧失，以及对创新本身的不信任。随着"富人"和"穷人"之间不断扩大的鸿沟导致美国社会在如何回应经济阶梯底层人民的诉求方面出现了越来越深的全国性分裂，这种焦虑在美国政治中显露无遗。

未来的核心挑战，也就是未来要做的工作，就是扩大劳动力市场的就业机会以迎接、补充并影响技术创新。这要求我们要对涉及劳动力市场的法律制度、政策体系、社会规范、组织管理、企业治理进行革新，以建立新的"游戏规则"。

人工智能、机器人等技术对劳动力市场的影响需要很多年才能显现。然而，留给我们应对的时间并不多。如果将20世纪制定并沿用至今的劳动制度适用于这些技术，我们将会看到与最近几十年相似的结果：工资和福利下行的压力增加，劳动力市场分裂加剧。

本书认为，更好的出路是创造未来的工作，收获快速发展的自动化和日益强大的计算机带来的红利，以此为工人提供更多机会和经济保障。要做到这一点，我们必须促进制度创新，弥补技术变革的短板。

我们正身处一个非常动荡的时期，已经不是2018年特别小组成立时预想的那种情景。在本书的研究和撰写进入尾声时，正值2020年全球应对新冠疫情之际，彼时很多国家的民众因疫情封控而居家生活和工作。远程视频、在线服务、远程教育和远程医疗等技术帮助我们适应了新的环境。这些远程工具看起来不像机器人，但它们采用自动化的形式，替代了大量在餐饮、保洁和酒店等低薪服务行业就业的底层员工。数以百万计的人失业，然而，引发这场劳动力市场危机的是新冠疫情而非技术进步。

早在新冠疫情暴发之前，我们对未来工作的研究就清楚地表明，在一个虽能创造大量就业岗位但经济保障不足的劳动力市场上，许多美国人无法过上富裕的生活。新冠疫情的影响更直观公开地表明，尽管大多数低薪工人被官方认定为"至关重要"，但他们无法通过计算机有效地完成工作，因为他们必须亲临现场才能谋生。

有些人预测，机器人将很快取代这些工人。另一些人则认为，人类的灵活性是无法被替代的，正如在新冠疫情期间，正是人类而非机器的适应性，使我们可以重新开展工作。还有人认为，新冠疫情推动了自动化，把技术从未来拽到当前，我们学会了将机器部署到无法保障人类安全的工作中。无论未来如何发展，新冠疫情对技术和工作的影响在疫情结束后仍将持续很长时间，且这些影响可能与人们在 2018 年预期的情形大不相同。

一些其他因素也干扰了 2018 年的未来展望，这包括世界上最大的两个经济体间的博弈，美国国内的政治动荡和经济民粹主义激增，最终导致 2020 年拜登当选美国总统之后国会大厦发生了暴力袭击事件。这些压力正在重塑国际联盟，瓦解和重组全球商业关系，并激发了新型网络战，包括发布虚假信息、从事商业间谍活动，以及对关键基础设施的电子干扰。美国和中国以前就有过摩擦，但没有像当前这样朝"脱钩"而去。最初的贸易摩擦现已演变成科技战。中国实现重大工业和技术目标的举国体制，对西方经济体由企业主导的分散式技术进步发起了挑战。中国政府重视数据积累和存储的主导权，这是否会带来技术进步，还有待观察。

中美博弈的影响正波及全球经济，并有可能阻碍创新。如果中美双方的冲突不存在，那么跨越时区和国界的研究人员就能顺利合作，越来越多的创新会在世界各地争相涌现。我们如何才能确保，无论何时何地，技术进步都能带来广泛共享的繁荣？如何才能保障美国在发明创造和引领技术方面的全球主导权，并让工人阶级从中获益？

为回答这些问题，本书分为两篇。第一篇主要探讨未来工作的演变以及关键技术在塑造未来工作时的作用。第二篇讨论如何引导政策、技术和劳动制度的发展方向，实现共同繁荣。

我们从一个基本观察开始：没有令人信服的历史证据和当代证据表明技术进步会将我们推向一个没有工作的未来。相反，我们预计在未来20年，工业化国家的职位空缺数将超过求职的工人数，机器人和自动化在缩小两者之间的差距上将发挥愈加重要的作用。然而，机器人和自动化等技术对工人的影响不全是正面的。这些技术与经济激励、政策选择和制度力量相结合，将改变可获得的各种工作及其技能需求。

这一过程既充满挑战，又不可或缺。发明新的工作方法、新的商业模式和全新的产业，会推动生产率的提高，催生新的工作。这种创新会带来新职业，产生对新型专业技能的需求，创造出报酬丰厚的就业机会。当前劳动力市场中的很多工作在1940年都还没有出现。美国需要更多而不是更少的技术创新，以应对人类面临的最紧迫问题，如气候变化、疾病、贫困、营养不良和教育不足等。通过投资和创新应对这些挑战，将创造更多机遇，改善人类福祉。

第二个重要观察是，技术变革的重大影响正在逐步显现。计算机和通信技术、机器人和人工智能的巨大进步正在重塑保险、零售、医疗保健、制造、物流和运输等不同行业。但我们也观察到，科研成果从产生到广泛商业化、融入企业流程、大范围应用并对劳动力市场产生影响，是有很长时滞的，通常是几十年。中小企业采用的新型工业机器人以及正在大规模部署的自动驾驶汽车，都是科技渐进式变革的例子。事实上，与其说是机器人和人工智能等新技术对劳动力市场产生了最深刻的影响，不如说是几十年前出现（但已大幅度改进）的互联网、移动通信、云计算以及移动电话等技术持续扩散的结果。

技术变革的这种时间效应为制定政策、发展技能和增加投资，以建设性地引导技术变革步入实现社会和经济利益最大化的轨道，提供了机会。

本书的第二篇着眼于改革和重塑美国的政策和各种制度，以实现共享繁荣。只要我们愿意做出必要的改变，这一目标就可以实现。

我们首先考察如何培训工人，使他们在不断变化的经济中找到出路。要让工人在不断演变的工作场所中保持生产力，就需要在人生各个阶段——小学和中学、职业教育、高等教育以及成人继续教育——为工人提供完善的技能课程。美国教育培训体系有缺点，也有独特优势。比如，该体系为那些想重新规划职业生涯或被裁后需重新找工作的人提供了很多通道。我们认为美国必须对现有的教育和培训机构进行投资和改革，以建立新的培训模式，使持续的技能发展是容易获得的、有吸引力的，而且是物超所值的。

然而，即便是训练有素且积极进取的工人，也需要最基本的安全感。但是，由于劳动力市场的制度和政策长期不到位，劳动生产率的提高并没有转化为广泛的收入增加。

与美国经济、科技水平和国际地位相若的瑞典、德国和加拿大，也都实现了强劲的经济增长，并给工人带来更好的结果。使美国不同于这些国家的原因是，其特有的制度变革和政策选择不但未能缓解，在某些情况下反而加剧了这些压力对美国劳动力市场的影响。

在美国，工人阶级发声的传统渠道持续萎缩，却没有培育新的制度或填补现有制度的漏洞。美国还允许联邦最低工资下降到几乎毫无意义的地步，使劳动力市场低薪工人的工资下限不断被突破。美国支持扩大与墨西哥、中国等发展中国家的自由贸易，这提高了国民总收入，但未能解决贸易扩张导致的工人失业以及失业工人的再培训需求。

没有证据显示追求经济增长而忽视普通工人困境的策略可以给美国带来回报。长期以来，美国的经济增长和科技创新在全球遥遥领先：整个20世纪，美国都在引领世界，尤其是二战后的几十年时间里，美国有着无可争议的领导地位。与此相反，近年来劳动力市场开始失灵。没有证据表明这些失灵是创新导致的，或者是我们在获得其他经济收益的同时值得付出的代价。我们能做得更好。

在缺乏审慎政策的情况下，市场上的好工作总是供不应求，而且有广泛的社会和政治利益，尤其是在民主国家。工作就是人类的核心利益。特别小组的研究咨询委员会成员乔希·科恩（Josh Cohen）在麻省理工学院的未来工作研究简报中写道："工作不仅是收入来源，更是我们学习和锻炼感知力、想象力及判断力，进行社会合作，做出建设性社会贡献的一种方式。"[①] 即便工作只是获得收入的手段，它也应该提供一种价值感（sense of purpose），而且无须失去尊严或屈服于独断专行的权威，无须屈就于不安全和不健康的环境，无须遭受身体或精神的退化。

认识到良好的工作对人类福利的重要性以及创新对创造良好工作的核心作用，我们自然要问，如何利用对创新的投资来带动就业创造，提高经济增速，并应对日益加剧的竞争挑战。

投资于创新可以做大经济蛋糕，这对迎接全球化和科技竞争激烈的世界经济带来的挑战至关重要。我们的研究发现，互联网、先进半导体、人工智能、机器人和无人驾驶汽车等技术是美国联邦政府在过去一个世纪甚至更长的时间里投资于研发带来的结果。这些新的产品和服务催生全新的产业和职业，它们需要新的技能，提供了新的创收机会。美国政府在支持创新方面成效显著，这些创新被发明家、企业家和创新资本用来支持和创建新的企业。

采用新技术必将周而复始地带来赢家和输家。工人、企业、投资者、教育培训机构和非营利组织以及政府等利益相关方的积极参与，可以让个体和社会的损失最小化，利益最大化，并帮助确保未来的劳动力市场为所有人提供收益、机会以及一定程度的经济保障。

第二章

劳动力市场和经济增长

在自动化和算法高速发展的现实世界里，我们期望劳动力市场可以维护工人的尊严、为他们提供平等的就业机会和经济保障。我们如何能让这样的劳动力市场变为现实？经济学、工程学、历史学和政治学等多个领域的研究成果，说明了我们如何走到现在，也让我们得以窥探可能的未来。本章将从这些研究成果中吸取经验教训，对它们进行综合分析，从而指出劳动力市场未来的发展方向。

技术变革的两个事实：任务自动化和创造新工作

技术变革让人类可以胜任以前难以完成的任务，或者更高效地完成传统任务。这些变化帮助人类摆脱了长达几个世纪的黑暗、饥饿、疾病、人身危害以及繁重体力劳动的持续威胁。[①]

对于解决威胁人类的最紧迫问题，如气候变化、疾病、贫困、营养不良和教育缺失来说，技术进步是可取的，实际上也是必不可少的。

但是，技术进步并不一定能使每个人都受益，工人阶级很容易被忽略。工业化国家的多数成年人可以通过从事有偿工作（paid employment）来摆脱贫困。但这种情况并非常态，我们不应该视之为理所当然。②技术革命，尤其是自动化，是否会对市场上的劳动力构成威胁？

"威胁"有两种形式：一是自动化可以创造出更具生产力的机器，以减少人类的工作量，进而引发大规模失业③；二是自动化可以重塑就业岗位的技能需求，只有少数拥有专业技能的劳动者才能获得超额回报，大部分居民则失去就业机会。

第一种可能，即工作岗位的丧失，与现实证据背道而驰。技术进步可以延长人类的预期寿命，使人们的生活更舒适、更惬意，通常还会创造更多新的工作岗位，而不只是摧毁工作岗位。如果自动化（或者其前身机械化）让人类劳动显得多余，那么在20世纪这段堪称有记录的人类历史上技术进步最快的时期，随着自动化迫使工人陆续从农业转向工业，再转向服务业，我们本该看到有偿工作的减少。然而，现实情况恰恰相反。1890—2000年，美国成年劳动力从事有偿工作的比例差不多每十年都会上升。④大量有关自动化和就业的研究，并未提供任何有力的证据表明自动化将导致总就业持续下降。⑤虽然近些年人们越来越关注技术性失业（technological unemployment），但工业化国家的总就业还在快速增长。

虽然没有任何经济规律表明技术进步创造的新工作一定等于或超过其摧毁的旧工作，但历史表明，这两种效应往往相伴而生。⑥下一章将详细说明，在我们研究的特定技术的每一种工作效应中，我们都发现，虽然技术变革蕴含着显而易见的巨大潜能，但速度并不如流行叙事中描述的那么快，取代的工作数量也没有那么多。虽然新技术本身通常令人瞩目，但一项技术从研发到商业化，再到进入商业流程、被标准化、被广泛采用，并对工人队伍产生广泛影响，这一过程可能会持续几十年。技术变革的这种演化步伐为制定政策、培育技能和激发投资提供了机会，由此我们可以改变技术变革的轨迹，使之创造更广泛的社会和经济效益。

这些事实引出了一个悖论。自动化"节约了劳动力"，也就是将工人从特定的劳作或职业（例如收割玉米）中解放出来，那总就业为什么没有减少？最有力的回答是，自动化在减少劳动力需求的同时，也激发了三种创造新工作的"反作用力"。

第一，自动化可提升工人完成非自动化工作任务的劳动效率：屋顶工人用气动卷钉枪更快地安装好顶棚，医护小组借助检测仪器完成诊断，建筑师快速地远程提交设计图，教师可远程授课，电影制片人可利用计算机来模拟想象的动作顺序，长途卡车司机可利用云计算调度平台规划行车路线，确保不会空载。在所有这些场景中，一组子任务的自动化都大幅提高了工人的效率，从而使他们更高效地实现更大的目标任务。

第二，自动化推动生产率的提高，带来收入增长。大部分收入可用于购买更多的商品和服务，如更宽敞的房子，更安全的汽车，质量更好的食物，更有趣味的娱乐，更频繁和更远的旅行，更优质的教育以及更全面的医疗保健。消费需求的增加促进了对劳动力的需求，最终提高就业率。

第三，也可能影响最深刻的是，自动化会让某些工作任务从人类劳动中消失，但同时带来全新的工作模式、商品和服务、行业和职业，提供全新的创收机会。一个世纪以前，计算机、太阳能或电视网络都还没有出现，航空旅行只是人们的幻想，汽车、电气化和家庭电话当时刚开始普及。然而，过去一百年出现的新行业、新产品和新服务催生了大量的新工作，对劳动技能的要求更高，支付的薪酬也高于以前的工作。这些创新改变了整个经济。

图 2.1 是 1940 年与 2018 年工人可从事的职业对比图。图中显示，2018 年的职业中有 63% 在 1940 年闻所未闻，大量职业在当时并未被"发明"出来。[7]有些新工作与技术发展直接相关，如信息技术（IT），太阳能和风能，新产品的工程、设计、安装和维修，以及专业医疗服务。

然而，并非所有新工作都是"高科技"工作。有些工作属于个人服务，如心理健康顾问、聊天室主持人、调酒师、家庭健康助理和健身教练。这些工作一定程度上反映了收入增长（生产力提高的间接影响）带来的新需求和工业化社会的个人新需要。与此同时，农业和制造业等传统部门提供就业岗位的能力持续减弱，甚至不创造新工作。

不可避免的是，技术进步导致农业这样的传统部门就业萎缩。在其他部门，如制造业，全球化减少了劳动力的国内需求。有时，消费者的品位也随之发生变化。与此同时，在计算机、可再生能源和医疗保健等创新型行业出现了新职业。收入提高也创造了新

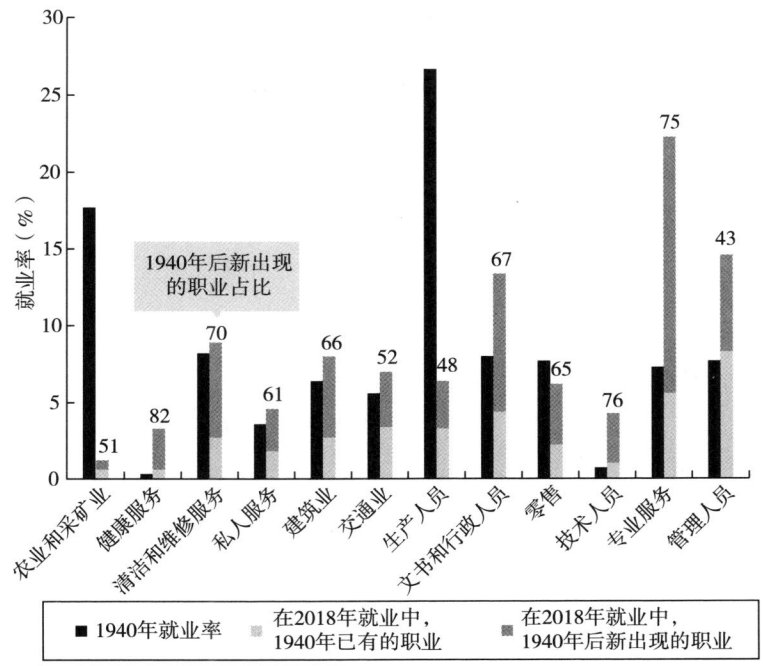

图 2.1 1940 年和 2018 年主要职业的就业分布

注：2018 年有 60% 以上的工作在 1940 年时并未被"发明"出来。本图给出了 1940 年和 2018 年各主要职业的就业分布，其中区分了 1940 年已有的职业类别和 1940—2018 年新增的职业类别。

资料来源：David Autor, Anna Salomons, and Bryan Seegmiller, "New Frontiers: The Origins and Content of New Work, 1940 – 2018", mimeo, MIT Department of Economics, 2021。

的消费需求，如健身俱乐部。

过去几十年的投资催生了大量新岗位。20 世纪下半叶，美国建立了研发（R&D）体系，使美国能够比其他发达地区更快速、更高效地从事创新。[⑧] 比如，20 世纪 80 年代和 90 年代出现的计算机和互联网革命，以及当前人工智能和机器人技术的进步，都直接源于美国国防部专门研究和采用新技术的高级研究计划局（DARPA）这类机构的长期投资。这些投资不仅加快了创新，还为一代代专家提供了培训场所，形成了长达几十年的高科技行业就业集群。

创造工作的轨迹反映了20—21世纪创新的方向。20世纪前几十年，新职业和新行业主要出现在制造业和重工业，二战后的十几年里，新职业和新行业转向科技密集型行业（例如，摄影、冶金、材料化学等）。20世纪后期，信息技术革命促使新职业出现在仪器、信息电子行业。⑨创新促进了工作岗位的创造，同时公共投资不停地催化、资助、形成创新。

但是，这一过程无法让所有人受益。工作结构的变化在让一部分人致富的同时，难免使另一部分人陷入困境。工人、企业和政府必须进行高昂的投资，才能追上产品和技能需求转变的步伐。近几十年来，钢铁、采矿和纺织等行业生产急剧下滑，导致专业化从事这些行业的社区出现了集中和持续失业的现象。⑩虽然某些类似的转型是必要的，如正在进行的煤炭向清洁能源的转型，但由此带来的净收益可能无法抵消在劳动力需求曲线上处于不利位置的群体所遭遇的困境。

这一情境引出了本书的核心主题：是提高生产率促进民众生活水平提升，还是让少部分人先富起来，这取决于让生产率转化为收入的社会制度。这些制度将与占经济最大比重的劳动力市场相互作用。⑪美国在这一关键领域的许多方面都表现不佳。

过去40年，大多数美国工人的工资增长与社会生产率增长相背离。伴随普通工人工资增长乏力的是，这种背离导致劳动力市场弊病丛生，进而带来严重的社会后果：没有大学学历的工人工资水平低下，工作不稳定，劳动参与率低，史无前例的收入不平等，以及种族间收入不平等和就业差距持续恶化，这些情况在过去数十年没有实质性改善。

当然弊病产生的原因并不单一，但有三个因素最为重要：第一，不断进步的工作数字化让受过高等教育的劳动力具备更高的生产效率，而受教育不足的群体则更容易被机器取代。第二，自由贸易和全球化的加速导致美国从中国的进口激增，美国本土的生产性工作（production work）快速外包，导致制造业就业快速下降。第三，有助于普通工人争取工资与生产率同步提高的制度被削弱，这表现为工会成员急剧减少，联邦政府设定的最低工资水平实际上持续下滑，目前正在接近历史低点。

这些不利结果并非技术、全球化或市场力量的必然结果。在其他富裕的工业化国家，并没有出现如美国这样的收入不平等大幅扩大和普通工人工资严重停滞的情况。

受教育程度和技能水平的提高、工作场所的技术不断进步、全球一体化程度的不断提高，以及其他相关因素，推动美国劳动生产率快速提高。但生产率提高并未带来居民收入的普遍增加。原因在于，推动工资随之调整的社会制度和劳动力市场政策失灵了。美国必须重振并升级这些制度和政策，以恢复生产率提高与工作改善之间的协同效应。本章其余部分内容将对此展开深入讨论。

不平等扩大和大分化

自20世纪60年代起至80年代初,美国劳动力市场上的工人无论受教育程度多高,无论男女,他们的收入都在增长(见图2.2)。实际上,在此之前的二十多年里,即自二战结束至20世纪70年代中期,美国经济也取得了辉煌成就。收入不仅快速增长,而且分配也较为平等。图2.3显示,按每小时总产出衡量,1948—1978年美国劳动生产率提高108%,年均增长2.4%。同一时期,生产工人和非管理人员的平均工资(由于没有这一时期的平均工资数据,所以用工资中位数代替)同步增长95%。

图2.3显示,美国劳动生产率和工资的同步增长到1973年

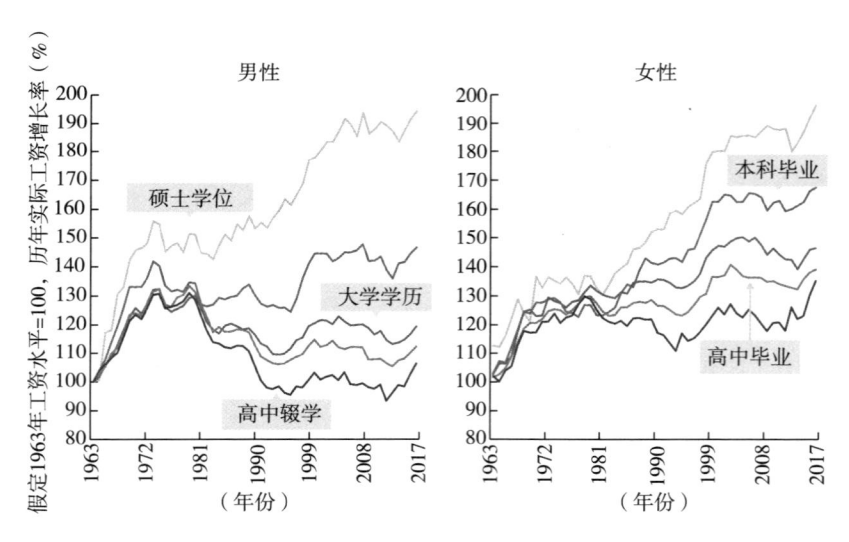

图2.2 1963年以来不同学历劳动者的实际工资变化

资料来源:David H. Autor, "Work of the Past, Work of the Future," *AEA Papers and Proceedings* 109 (May 2019): 1–32。

戛然而止。这一急刹车的直接原因是阿拉伯石油输出国组织（OAPEC）实施石油禁运，全球油价在不到一年的时间里上涨了三倍，许多工业化经济体因此陷入衰退。[12]虽然禁运只持续了6个月，但美国和大多数发达国家的生产率增长停滞了10年。当国际油价于20世纪80年代初回落时，居民收入增速明显慢于之前的30年。[13]

1973年的石油价格冲击，即众所周知的"第一次石油危机"，为何会导致工业化国家脱离二战后生产率快速上升的发展轨道？[14]至今，经济学界对此也没有达成共识。不过，就本书而言，这个

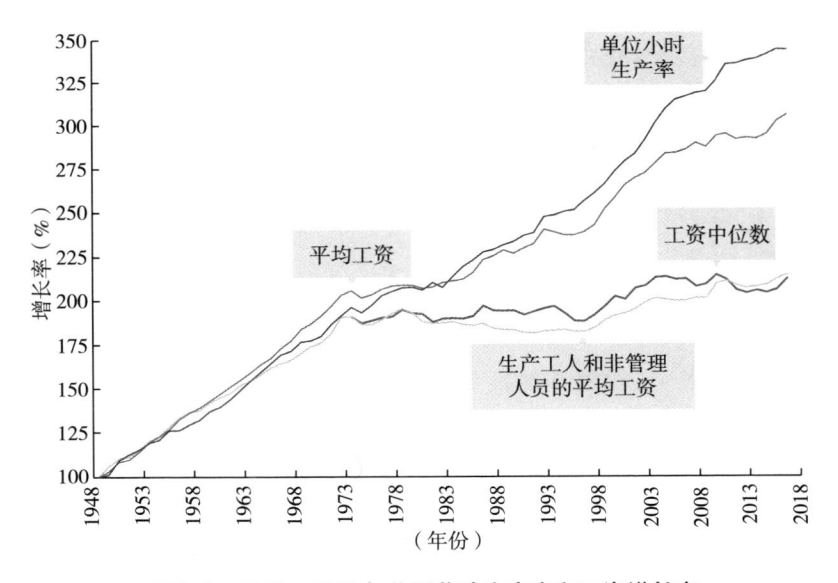

图2.3　1948—2018年美国劳动生产率和工资增长率

资料来源：Anna M. Stansbury and Lawrence H. Summers, "Productivity and Pay: Is the Link Broken?" National Bureau of Economic Research Working Paper No. W24165, December 2017, 图2。

故事的核心与其说是经济增长放缓，还不如说是图 2.3 所示的第二个关键的经济现实：20 世纪 70 年代中期以后，生产率和工资增长的不同路径。1948—1978 年，美国生产率和工资中位数均实现翻番，但此后两者就背道而驰。1978—2016 年，美国单位小时总产出（又称生产率）增长了 66%，年均增速 1.3%。然而在同一时期，生产工人和非管理人员的工资仅提高 12%，工资中位数增长 11%。与此同时，至少直到 21 世纪初，工人的平均工资增长大致跟上了同期的生产率增速（下文将详述）。不断提高的生产率和停滞不前的工资中位数之间持续扩大的鸿沟，通常被称为"大分化"。

在这一大分化中，潜藏着教育、种族、民族、性别及地区等多个方面的不平等。最突出的是，尽管工资中位数整体上实现了温和增长，但其分布更偏向强势群体，尤其是白人男性和白人女性（图 2.4）。1979—2018 年，白人男性的单位小时工资中位数增长了 7%，但黑人男性和拉美裔男性仅分别增长 1% 和 3%。虽然历史上（包括当前）男性和女性的收入存在巨大差距，但女性收入增速更快，这对缩小性别差距具有积极作用。然而，同男性一样，女性内部的种族间不平等依然存在。1979—2018 年，白人女性的单位小时工资中位数增长了 42%，但黑人女性和拉美裔女性的工资中位数仅分别增长 25% 和 26%。[15]

生产率和工资中位数增长的背离，是不是意味着中位数工人的生产率没有提升，只有高工资、高学历工人的生产率在大幅提高？[16]这一观点难以检验，因为经济数据测算的是行业和整个经济

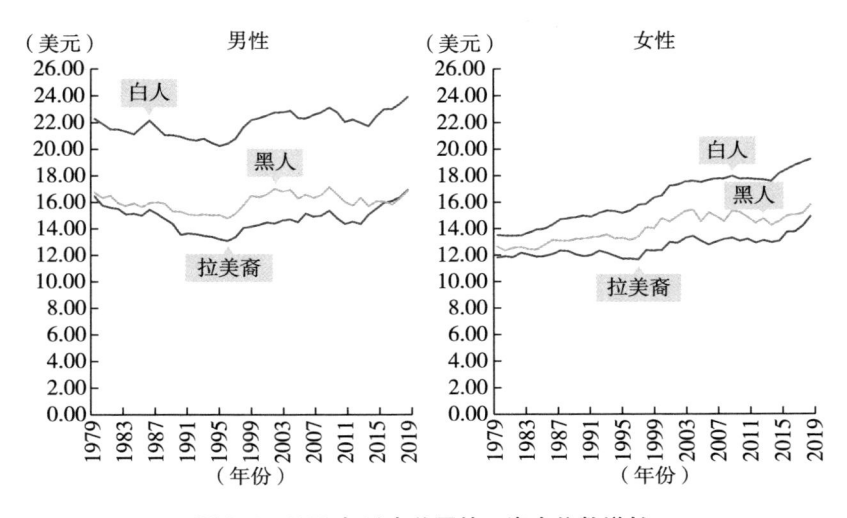

图 2.4　1979 年以来美国的工资中位数增长

注：自 1979 年以来，美国的工资中位数增长幅度不大。工资增长主要集中在白人男性和白人女性。

资料来源：Economic Policy Institute, State of Working America Data Library, "Median/Average Hourly Wages," 2019, http://www.edpi.org/data/#? subject = wage-avg。

的平均生产率，而非单个工人的生产率。其他国家也经历了学历工资差异的不断扩大，以及生产率增长与中位数收入增长脱节的情况。这一情况表明，各国共有的技术因素而非制度因素可能是部分原因。但美国是一个极端的例子。经合组织（OECD）的报告指出，1995—2013 年美国生产率（年均增长 1.8%）与工资中位数增长（年均增长 0.5%）之间的差距为 1.3%，在可获得数据的 24 个国家中，美国排第三，仅次于波兰和韩国。[17]相比之下，加拿大、荷兰、澳大利亚和日本的这一差距约为美国的一半（0.7%），而德国、奥地利和挪威的这一差距只有美国的约六分之一（0.2%）。[18]

第二章　劳动力市场和经济增长

如果生产率提高，但工资中位数并未增加，那么，额外的生产率去了哪里？这个问题的答案有两个部分。这里先给出第一部分，本章稍后给出第二部分。首先且最重要的是，收入增长偏向于收入在工资中位数之上的工人。1980年之后，四年制本科学历工人的实际工资大幅增长（见图2.2），硕士学历（如工商管理硕士、医学博士、法学博士、哲学博士）工人的实际工资增幅更大。事实上，大学及以上学历男性的实际工资增幅从1980年的25%提高到2017年的50%。相比之下，无大学学历男性的实际周工资在1980年左右就达到峰值，在接下来的几十年里持续下滑。虽然在20世纪90年代末及新冠疫情暴发之前几年的劳动力市场高压时期，工资有所反弹，但是，2017年大学、高中及以下学历男性的周平均工资较1980年下滑了10%~20%。

虽然女性的工资增长比男性更强劲，但同样存在不平等。1980—2017年，大学及以上学历女性的实际工资大幅增长了40%~60%。而大学以下学历女性的工资增幅不到10%。

高学历工人的工资快速上涨，其他人的收入却裹足不前，这解释了为什么在平均工资上涨的情况下，工资中位数却陷入停滞。也正是因为不同学历的劳动者之间收入差距扩大，美国总体的不平等程度才不断攀升。虽然工业化国家都经历了不平等的扩大，但是，在很多领域美国都是一个极端案例。[19]传统的供求力量可以部分解释其中的原因。整个20世纪可谓创新浪潮期迭起，从电气化、生产流水线、汽车运输到电信，这些都强化了劳动力市场对正规教育、技能和认知能力的需求。二战及朝鲜战争后颁布的

《退伍军人权利法案》使美国大学生数量激增，市场需求得以满足。[20]直到20世纪八九十年代，高校毕业生供需的良性互动才被打破：美国年轻人的大学入学率持平，但男性大学入学率下降，而大学工资溢价激增。进入21世纪，大学毕业生工资溢价更是超过1915年设定的增长上限。[21]

这段历史充分说明，要提高个人和总体生产率，就必须投资于提升教育和技能水平，正如过去一个多世纪所做的那样。然而，这段历史并没有说明，为何过去40年中虽然中位数工人的教育水平迅速提高，其工资收入与生产率增长却出现了脱节。[22]

由于工资中位数增长停滞，高学历工人的收入上升，所以国民收入中的更大部分流向了这些高收入阶层。1979—2018年，税前国民收入流向顶层10%人群的份额从35%上升到47%，这意味着10%的个人获得了近一半的国民收入。与此同时，国民收入归于顶层1%群体的份额从11%上升到19%，这意味着1%的个人获得了近五分之一的国民收入。与此同时，国民收入中流向底层50%人群的份额从20%下降到14%。[23]

顶层群体的收入增长有很多原因，比如技术带来的"超级明星"效应使一些部门的顶层工人和企业（如谷歌、脸书、埃克森美孚、迪士尼、贝莱德）获得了超大市场份额，下调顶层收入人群的税率（这一税收实际上是对向高管支付高额薪酬的惩罚），以及改变向高管、经理和生产线工人合理支付薪酬的相关社会规范。[24]

在收入集中度及其上升程度方面，美国也是一个异常国家

（outlier）。在英语语系的工业化国家、西欧和北欧国家中，无论是国民收入归属顶层1%人群的份额，还是该份额在过去40年的增幅，美国都遥遥领先。[25]虽然理论上税收和转移支付可以削弱税前收入集中度的上升态势，但是与大多数欧洲国家相比，美国并没有更努力地通过税收缩小不平等（不过，有趣的是，加拿大和瑞典也没有比美国做得更好）。[26]最后的结果是，美国税后不平等程度变得更高，而且不平等程度的上升幅度也比其他工业化国家更大。

就业两极化和工作质量分化

就业增长流向传统高工资和低工资职业，以牺牲中等工资职业为代价，这种就业两极化既是收入差距扩大的体现，也是导致这种现象的原因。在高端劳动力市场上，高学历、高工资职业提供了极具潜力的职业发展前景、收入增长预期和可靠的就业保障。在另一端，低学历、低工资职业意味着几乎没有经济保障，且收入增长缓慢。制造业、机器操作、文秘和行政助理以及销售员等传统中等工资工作岗位持续萎缩（见图2.5）。

人们对劳动力市场两极化已有充分认识。20世纪以来，经济发展伴随着劳动力从农业转向工业，再转向服务业，在此过程中，对体力劳动的需求不断减少，脑力劳动在各行各业中的主导地位不断被强化。过去40年的计算机化尤其扩大了这一进程的范围，取代工人从事日常可编码的认知工作（如簿记、文秘工作、重复性生产任务），这些工作现在都可以由计算机软件快捷地编写脚

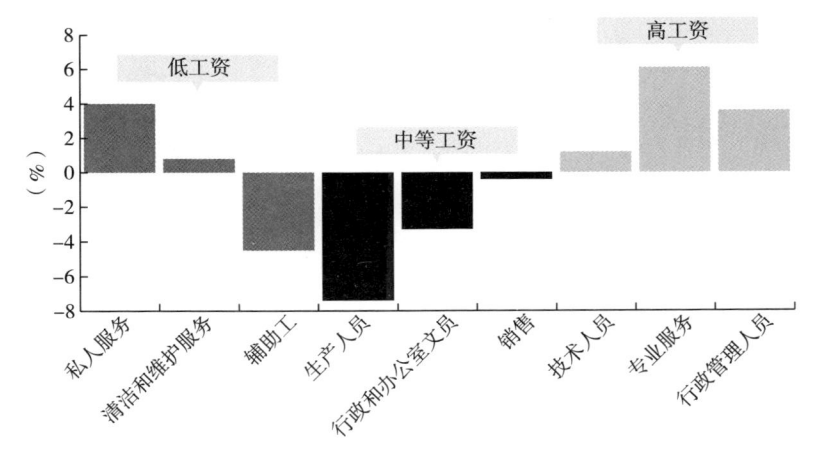

图 2.5　1980—2015 年劳动年龄人口在不同职业类型中的就业份额变动

注：就业增长在高工资和低工资职业之间呈现两极分化。

资料来源：Steven Ruggles, Sarah Flood, Ronald Goeken, et al. Integrated Public Use Microdata Series：Version 8.0 [dataset], University of Minnesota, 2018, http：//doi.org/10.18128/ D010.V8.0；U.S. Census of Population data for 1980, 1900, and 2000；American Community Survey（ACS）data for 2014 through 2016；David Dorn, "Essays on Inequality, Spatial Interaction, and the Demand for Skills," PhD diss., Verlag nicht ermittel-ar, 2009。

本，并由廉价的数字机器来完成。机器替代人类日常劳动的这一持续过程，往往会提高受过高等教育的工人的生产率，这些工人的工作依赖于信息、计算、解决问题和交流，如医学、市场营销、设计和研究领域的工人。同时，它也取代了在许多情况下提供信息收集、组织和计算任务的中等技能工人。这些人包括销售人员、办公室人员、行政助理和流水线生产工人。[27]

讽刺的是，低薪手工业者及服务人员，如餐厅服务员、清洁工、物业看门人、园艺师、保安、家庭保健师、司机以及娱乐休闲行业从业人员等，受数字化的冲击最小。[28]完成此类工作要求劳动者具备身体灵敏度、视觉认知、面对面沟通以及适应环境的能力，而机器的硬件和软件都无法做到这些，但对具备中等受教育程度的劳动力而言则非常容易。随着中等技能职业的萎缩，手工业和服务业已成为中等或更低受教育程度劳动者的首选职业。

就业两极化似乎不会止步。新冠疫情暴发之前，美国劳工统计局（BLS）预测指出，2019—2029年美国将新增约600万个工作岗位。[29]在这600万个岗位中，将有480万个分布于30种职业。预计三分之二新增就业的工资低于工资中位数。

伴随着劳动力市场就业两极化，预期新增工作岗位最多的三种职业都与个性化服务相关：家庭保健和个人护理师（120万个）、快餐和柜台工作人员（46万个）及厨师（23万个）。预期减少工作岗位最多的三种职业分别是收银员、秘书和行政助理、装配工和制造工。[30]这三种职业的主要职责都包括执行可编码的信息处理和重复性装配任务，这些任务都很容易实现自动化。[31]

然而，我们强调，即便就业两极化正在侵蚀中等技能的生产性工作、机器操作、技工和行政职位，美国也不能停止对此类岗位的投资。随着工人退休或转移到其他就业部门，雇主仍需为这些岗位雇用劳动力。与此同时，医疗保健部门的扩张必然带来大量非传统的中等技能岗位，为企业和政府提供服务的供应链企业的发展同样会带来相应的岗位。[32]呼吸治疗师、牙科医生和临床实验室技术员等工作向拥有相关领域学历的劳动力提供中等收入。[33]这些领域的定向职业培训也深受投资者青睐。

如果美国低薪职业的工资和福利能够使工人摆脱贫困，有望获得合理的经济保障，那么就业两极化本身就不是问题。然而，工人们并没有获得这一结果。各项衡量工作质量的指标（如工资、工作环境、裁员、带薪休假、病假和探亲假等）显示，低学历、低工资工人在美国的境况远不如在其他发达国家。[34]图2.6比较了2015年21个OECD国家基于购买力平价调整后的低技能工人的时薪（税前），为我们提供了基准。[35]

美国低技能工人的工资收入仅相当于英国的79%，加拿大的74%，德国的57%。虽然，还没有一个综合指标可用于全方位、清晰地进行对比，但图2.6描述的情况已被大量研究证实。[36]

尼古拉斯·克里斯托夫（Nicholas Kristof）在《纽约时报》上撰文，描绘美国低薪工人的悲惨境遇，尤其与其他工业化国家的同行相比，令人印象深刻。[37]克里斯托夫指出，丹麦麦当劳餐厅的烤肉师傅起薪约为每小时22美元。这一数字包含补贴，这让印第

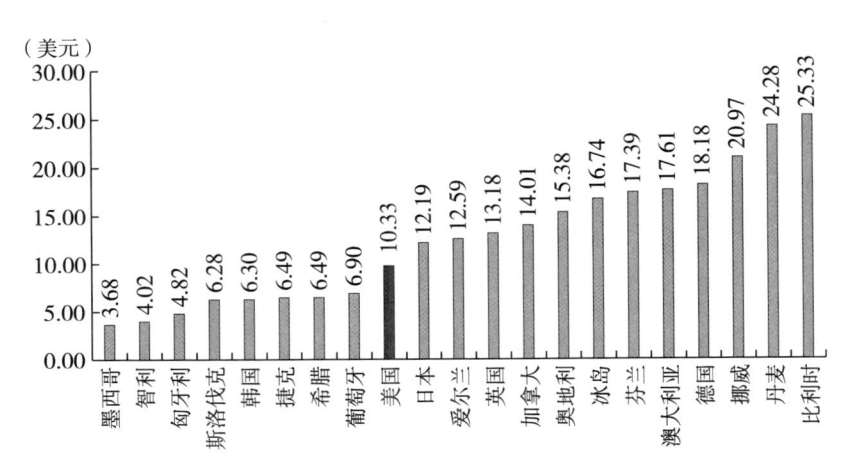

国家	时薪（美元）
墨西哥	3.68
智利	4.02
匈牙利	4.82
斯洛伐克	6.28
韩国	6.30
捷克	6.49
希腊	6.49
葡萄牙	6.90
美国	10.33
日本	12.19
爱尔兰	12.59
英国	13.18
加拿大	14.01
奥地利	15.38
冰岛	16.74
芬兰	17.39
澳大利亚	17.61
德国	18.18
挪威	20.97
丹麦	24.28
比利时	25.33

图2.6 主要OECD国家低技能劳动力的时薪（按购买力平价进行调整）

注：与其他发达经济体相比，美国低技能劳动力的时薪更低。

资料来源：https://stats.oecd.org/Index.aspx?QueryId=82334。

安纳州、加利福尼亚州或美国任何其他地方的快餐店员工震惊，包括曾经发起"争取15美元"（Fight for 15）运动的要求提高最低工资的物价高昂的城市。然而，美国与其他国家的实际薪酬差距超过数据本身。在丹麦，麦当劳工人每年有六周的带薪假期、寿险以及养老金。在美国，这样的福利对刚入职麦当劳的烤肉师傅而言简直是天方夜谭。[38]

重建就业机会的扶梯

美国的不平等还表现在地理区域上。在过去30年中，美国居民收入快速增长，纽约、旧金山和洛杉矶欣欣向荣。更多的就业机会和更高的工资吸引大量高学历群体向这些知识中心汇聚。的确，与互联网和通信技术带来的"距离消失"的预言相反，城市地区的吸引力越来越大，而不是越来越小，这导致城市与农村、新兴地区与老旧地区的经济命运日益分化。一些中型城市，如堪萨斯城、哥伦布、夏洛特和纳什维尔利用自身的生活成本优势，从知识经济中获益。而在从密西西比州到密歇根州的许多曾经繁华的大都市，情况更加令人担忧。这些地区经济增长停滞，处于黄金年龄的劳动力失业率高，领取联邦救济福利的人口比例不断增长。

过去，未受过大学教育的工人可以通过迁移到大城市赚取更多的收入，现在却行不通了。美国城市曾经为各种背景的工人提供的经济扶梯已经减速。即使在美国最富有的城市，劳动力也日益分化。一方面，高薪专业人士享受着繁华都市提供的便利设施；

另一方面，受教育程度较低的底层服务工人虽然为富人提供看护服务、舒适和便利，但购买力不断下降。

这些趋势对少数族裔工人的就业前景尤为不利，他们在美国城市中的比例过高。㊴如图2.7所示，在未受过大学教育的白人里，中等收入职业的就业率在城市地区比非城市地区低6～8个百分点。黑人和拉美裔的下降幅度是他们的两倍，即12～16个百分点。在所有情况下，中等收入就业人数在减少，而低收入就业人数在增加。数据显示，未受过大学教育的城市工人缺乏向上流动的机会。此外，尽管在受过大学教育的城市工人中，职业两极分化并不那么明显，但在黑人和拉美裔大学毕业生中，职业两极分化的程度又是白人大学毕业生的两倍多。㊵

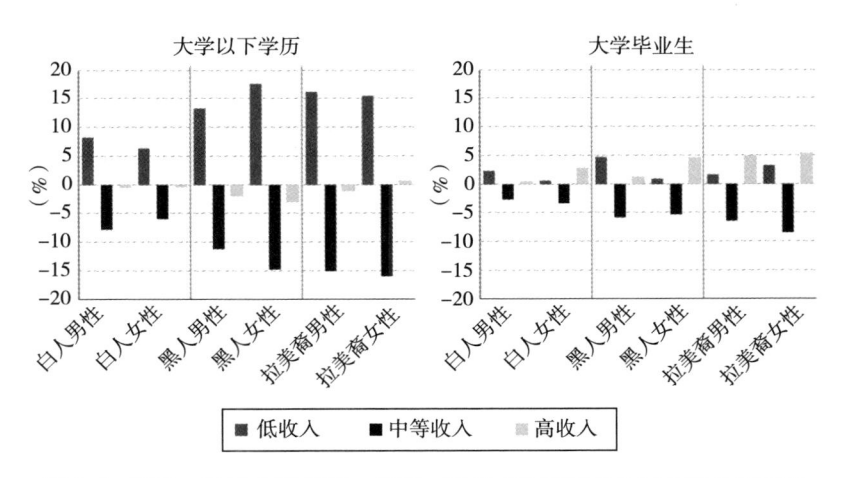

图2.7　1980—2015年按教育、性别、种族或族裔划分的城乡就业率差距

注：城市的职业两极分化在少数族裔工人中要大得多。

资料来源：David Autor, "The Faltering Escalator of Urban Opportunity," MIT Work of the Future Research Brief, July 2020。

由于城市地区就业两极化，没有受过大学教育的城市劳动力工资溢价持续下滑，黑人和拉美裔的下降幅度最大（见图2.8）。未受过大学教育的拉美裔的城市工资溢价下降了5~7个百分点，黑人则下降了12~16个百分点。[41]反过来，没有受过大学教育的白人工资溢价没有下滑。甚至受过大学教育的劳动力工资溢价普遍较高，但少数族裔大学毕业生受益并不多。白人男女的工资增幅均大于黑人和拉美裔男女。同时，与上文绘制的不利职业变化相一致，城市黑人大学毕业生相对于非城市黑人大学生的工资溢价下降，这是一个令人沮丧的结果，虽值得深究，但本小节不做讨论。

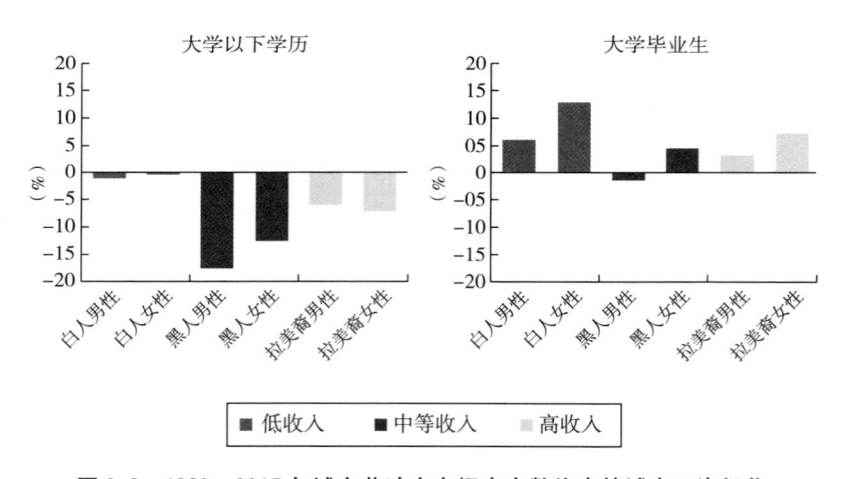

图2.8　1980—2015年城市劳动力市场中少数族裔的城市工资极化

注：图中显示了1980—2015年城市与非城市劳动力市场的实际工资水平的变化（未按当地生活成本调整），按教育、性别和种族或族裔分类。城市少数族裔工人的工资溢价下降得更多。

资料来源：David Autor, "The Faltering Escalator of Urban Opportunity," MIT Work of the Future Research Brief, July 2020。

国民收入中的劳动份额持续下滑

上文提到,"生产率去了哪里"?这个问题的答案由两部分组成。一部分是不平等扩大,另一部分是劳动报酬占国民收入的份额在下降。自 2000 年开始,工资中位数和平均居民收入的增速都滞后于总生产率的增速(见图 2.3)。这意味着支付给工人的产出份额(通常所说的"劳动份额")下降了,相应地,利润和支付给资本的份额在提高。事实上,从 2000 年至今,美国的劳动份额已经下降了约 7 个百分点(可谓大幅下滑),虽然较其他发达国家下降幅度小,但这种情况不容忽视。[42]

要重视这种情况的原因在于,在 20 世纪很长的一段时间里,劳动以工资和报酬的形式,资本以租金和利润的形式,在国民收入中分得的份额非常稳定。国民收入的三分之二归劳动,三分之一归资本,这基本被视为经济法则。[43]然而,在过去 20 年中,这一法则不断被打破,甚至可以说被废除。这对工人造成了损害,他们现在从一块缓慢增长的"经济蛋糕"中分得的份额越来越小。虽然经济学家对劳动份额下降的原因没有形成共识,但了解可能的成因有助于认清影响收入分配的许多力量。

监管失灵是最常见的一种解释,尤其是在防止大公司占据行业主导地位,在互联网搜索、社交网络、计算机、电子产品和移动设备、宽带和无线服务、航空运输、医疗保险和家电等领域压制竞争方面,反垄断机构过于松懈。[44]处于垄断地位的公司利用其市场势力制定远高于自由竞争时的价格,高价格必然带来超额利润。早期，工会拥有较强的议价能力，这些利润会在普通工人、经理和公司所有者（包括股东）之间分配。然而现在，工会正处于历史上最弱的时期（后面将进一步讨论），利润则以高股价、股息支付和税后利润的方式流向公司所有者。其结果就是，市场占有率高的企业垄断地位不断增强，国民收入中的劳动份额持续缩小。[45]

这种解释存在一定的缺陷，从世界各国的表现来看，劳动份额的下降几乎都在发生。因为不可能大多数国家同时放松反垄断执法，这一观察结果表明，可能有一个共同的原因同时侵蚀了许多国家的劳动份额。[46]这个可能的共同原因是机器人和人工智能等技术正在迅速获得类似人类的能力。当机器替代了现有工作任务中的工人，且不生成新的使用劳动力的工作任务时，国民收入中的劳动份额自然就会下降。这一论点的一条关键证据是，在自动化/机器人密集型行业，如采矿、石油和煤炭生产、汽车制造和电子行业，劳动份额下降得更快。[47]研究还发现，各个企业一旦采用机器人，收入中支付给劳动的份额就会减少。[48]虽然除了重要但有限的工业机器人领域，我们尚不清楚这一证据还能适用于多大范围，但它是有说服力的。事实上，最近一些研究发现的一个事实是，在大多数行业中，典型企业的（中位数）劳动份额并未下降，但如果自动化广泛取代了工人，就有可能出现这种情况。[49]

为什么大多数企业的劳动份额没有下降，但整个经济的劳动份额却下降了？如果劳动份额低的资本密集型企业而非劳动密集型企业在经济中的比例持续走高，就会出现这种结果。这一假说有时被称为"超级明星公司"现象，它强调技术变革如何以微妙但影响深远的方式重塑广泛的经济结果。下面来看看技术变革是如何发挥作用的。

大量资料显示，大企业的资本密集度和自动化程度高于一般企业。与竞争对手相比，它们的生产率通常更高，利润也更高，收入中支付给资本和利润的份额也较大，但支付给劳动力的份额较小。日益成熟的在线和国际市场可能会给有些微生产率或成本优势的公司带来越来越多的好处。之所以会出现这种情况，是因为在线市场的价格竞争非常激烈，企业只要有些微成本优势，就能获得更大的市场份额。另外，大公司能够大规模生产复杂产品，如智能手机操作系统、搜索服务、社交网络、医疗保险计划，而小公司无法仿制这些产品并从中获利。无论哪种情形，技术进步最终都会导致经济活动不断向明星企业集中，而这些企业支付给劳动的份额较小，资本所得和利润的份额较大。最近的研究表明，这种情况确实发生了：在很多行业，大公司的市场占有率越来越高，那些劳动密集度高、资本密集度低的小企业被挤出市场，在这个过程中，国民收入中的劳动份额也在萎缩。

当生产率增长减速时，生产率与薪酬增长脱节的现象就会更加明显，这也正是美国和许多工业化国家在2005年左右出现的情况：与过去几十年相比，不仅经济增速在放缓，经济蛋糕中的劳动份额也在缩小。最终的结果是，工人们自然就想知道他们应得的报酬到底去了哪里。

美国从不平等中得到了正回报吗？

过去 40 年，美国是否本该在改善普通工人的处境方面做得更好？对大多数读者而言，答案显然是肯定的。但是，以自由放任的视角看待美国经济的人也许对此并不认同：在他们看来，美国劳动力市场的极端不平等是保持美国经济活力、经济流动性和超常经济增长的一个必要条件，而且也可能是值得付出的代价。根据这种逻辑，美国不可能在不牺牲其他理想结果的情况下做得更好。

这种说法准确吗？对于不平等是促进还是阻碍经济增长，国别研究并没有给出定论。[53]尽管如此，对于美国的情况，数据给出了一个更明确的结论：美国从不平等中得到的是低"回报"。

在美国，不平等的不利回报表现在多个方面。首先考虑劳动年龄人口的就业率。一个常见的经济假说是，一个国家对收入不平等的容忍度越高，该国的就业率越低，因为生产率低的工人会被最低工资"挤出"劳动力市场，从而导致失业。根据这一逻辑，几乎没有最低工资的美国应该比其他同等国家更接近充分就业。但是，数据并不支持这一论断。虽然美国男性和女性的就业率明显处于中等水平，但与其他同等国家（如加拿大、德国、英国、瑞典）相比，这一数字在过去 20 年中急剧下滑。

考虑经济表现的第二个衡量标准：向上的代际流动。在工业化国家中，美国因其极端的贫富差距而引人注目。事实上，要找到另一个更不平等的大国，我们就必须将范围扩大到中国或巴西等相对欠发达国家。如果美国的高度不平等和与之相伴的经济活力能够为儿童提供更好的攀登经济阶梯的机会，那么美国不平等程度虽高，但在促进代际流动上值得赞赏。图 2.9 描述的现实情况却相反。在富裕的民主国家中，美国代际流动性最低，远低于法国、德国、瑞典、澳大利亚或加拿大。正如皮凯蒂和他的同事指出的[51]，当父母处于收入分组中的最低 20% 时，其子女成年后进入最高 20% 收入组的可能性在加拿大是 13.5%，几乎是美国的两倍。[52]向上流动性并不是美国因不平等程度过高而获得的红利。

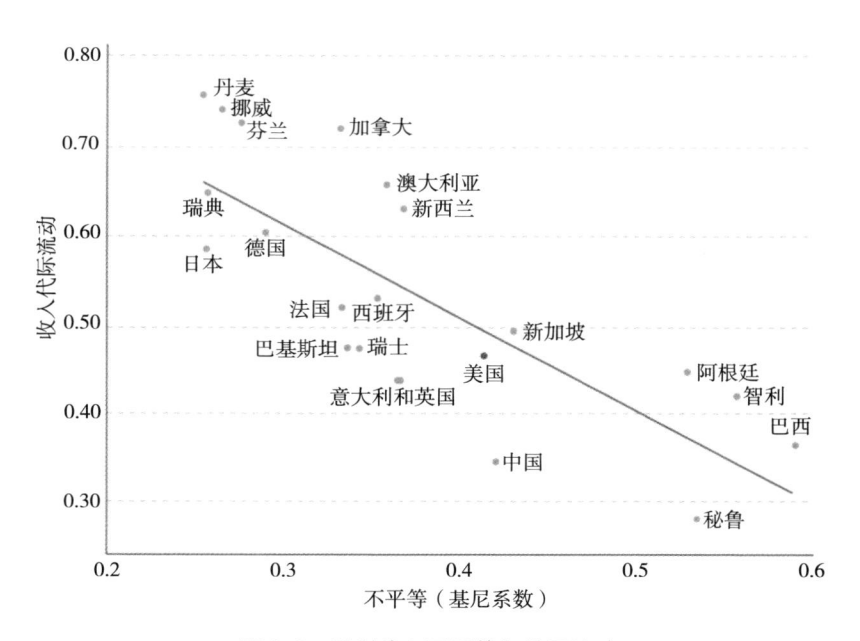

图 2.9　国别收入不平等与代际流动

资料来源：Miles Corak, "Inequality from Generation to Generation: The United States in Comparison," in *The Economics of Inequality, Poverty, and Discrimination in the 21st Century*, ed. Robert Rycroft (Santa Barbara, CA: ABC-CLIO, 2013)。

代际流动性高并不一定表示劳动力市场强劲，反之亦然，但两者确实紧密相关。研究表明，美国代际绝对流动性的下降几乎完全可以用各代年轻人实际工资中位数的增长来预测。[53]当各代年轻人的工资中位数强劲增长时，正如第二次世界大战后的几十年，绝对代际流动性就高。当各代年轻人的工资中位数增长平缓时，绝对代际流动性也随之下降。

考虑美国从不平等中获得"回报"的第三个方面是较快的经济增长。通常情况下，穷国比富国增长得更快（当然也有重要的例外），因为它们搭上了来自富国的重要创新（如电气化、通信、医药等）的"便车"。而富国没有"便车"可搭，因此，它们的增长往往更慢。这种追赶现象解释了图 2.10 所示的 1960 年各国的初始 GDP 与 1960—2011 年的 GDP 增长之间呈 L 形关系的原因。1960 年，美国是世界上最富裕的国家，与欧洲、亚洲和北美等地的所有其他主要国家相比，美国在 1960—2011 年的总体增长率却是最慢的。那些在 1960 年时比美国远为贫穷的国家的平均增长率要快得多。如果与这一逻辑相反，人们曾预期美国会凭借其经济活力，实现比其他工业化国家更快的增长，那么，增长率数据丝毫没有证明美国达到了这一预期。

在近期，美国曾有过比欧洲国家更快的增长，如 20 世纪 90 年代中期的互联网繁荣。[54]但从最近半个世纪的经济数据看，美国在同类国家中并不突出。此外，自 20 世纪第一个十年中期以来，工业化国家的生产率明显放缓，其原因仍鲜为人知。[55]不幸的是，美国也未能幸免：其生产率增速和其他发达国家同步放缓。

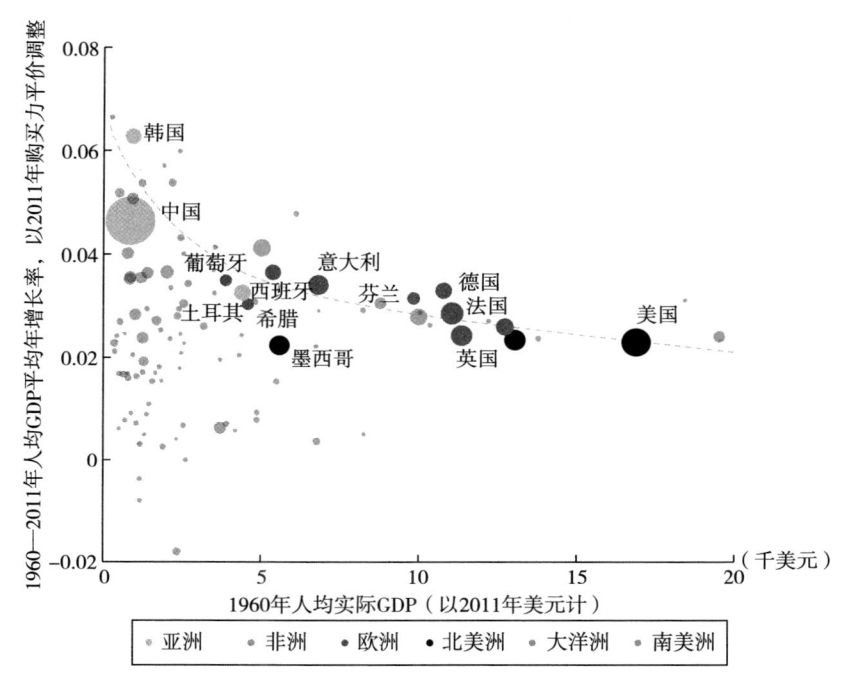

图 2.10　1960—2011 年各国年均 GDP 增速

注：1960 年时的富国在过去 40 年中经济增速放缓。

资料来源：Robert C. Feenstra, Robert Inlaar, and Marcel B. Timmer, "The Next Generation of the Penn World Table," *American Economic Review* 105, no.10 (2015): 3150–3182; Penn World Tables 9.1, Population (Gapminder, HYDE [2016] and UN [2019])。

近几十年来，虽然美国劳动力市场几乎没有给普通工人带来什么好处，但美国创新生态系统的优势不容忽视。无论从哪个角度衡量，美国都是世界上最具创新力的经济体。的确，鼓励企业家精神和敢于冒险的美国商业文化与我们在美国收入分配顶层看到的极端不平等相关。㊱创新文化在历史上造福了美国，今天仍让美国受益。与此同时，相当一部分美国劳动人口面临着经济上严重不利和不安全的状况,这肯定会减少他们的机会,阻碍他们的流动性,进而阻碍个人、家庭和社区对自身及其子女的教育、健康和安全进行投资。

美国是否必须放弃其创新文化,以确保经济增长的收益能够惠及普通工人,使他们的薪酬、工作条件和经济安全都能得到提高和改善?没有证据表明美国需要面临这样的权衡取舍。[57]美国在创新领域的领先地位由来已久:在整个20世纪,美国都在引领世界,在第二次世界大战后的几十年里,这种领先地位甚至更加确定无疑。相反,上文提到的劳动力市场弊病,如低质工作岗位、工资增长乏力、生产率与工资增长脱节等,都是最近才出现的。没有任何迹象表明,这些失败是创新的必然结果,或者是为了获得创新带来的其他经济收益而值得付出的代价。

为什么生产率提高的同时美国工人生活如此贫困?

过去40年,美国为什么没能将不断提高的生产率转化为就业机会的改善和大多数工人收入的提高?三股力量至关重要:技术变革、全球化压力和制度变革。

技术变革是支付给正规技能和专业知识的工资溢价不断上升的主要驱动力。通过工作数字化,计算机和互联网提高了受教育程度高的工人的生产率,受教育程度低的工人则更容易被机器取代。这不足为奇,因为信息技术是一种重要的管理技术,其目的就是抢夺工人手中的控制权,转而交给抽象的程序。数字化虽然并不是收入向顶层群体集中的唯一原因，但可能是促成因素之一。通过迅速推广有创意的想法（例如在软件、金融、娱乐以及亚马逊或脸书等独特的商业模式中），数字化让企业家积累了巨额财富。同样重要的是，网络世界的乘数效应为医学、法律、设计、金融和娱乐等许多行业的顶尖人才带来了超额回报。[58]

国际贸易也发挥了重要的作用。2001年中国加入世界贸易组织导致美国制造业在21世纪第一个十年损失了至少100万个工作岗位，如果将制造业之外的影响计算在内，这个数字将更大。在美国，损失的工作岗位高度集中在地方劳动力市场，许多分布在美国的南大西洋和中南部地区。在这些受贸易影响的劳动力市场，中国贸易冲击对就业率、家庭收入和其他衡量人口困境的指标产生了持续的不利影响。这进一步助推目前在美国各级政府中出现的政治两极分化。[59]因此，尽管中国作为全球经济大国，其崛起是由其内部发展改革驱动的，但与数字化的影响不同，中国贸易对美国劳动力市场冲击的速度和规模是美国政策的直接结果。[60]

数字化和全球化带来的相似压力，影响了大多数工业化国家。美国为何与众不同？美国独有的制度变革和政策选择未能缓解——在某些情况下甚至放大了——这些压力对美国劳动力市场的影响。[61]

第一，工会代表人数持续急剧下降，削弱了普通工人为匹配生产率增长而开展工资谈判的能力。1979—2017年，集体谈判协议覆盖的美国工人比例从26%降至12%。在私人部门，这一比例降幅更大，从1979年的21%降到2019年的6%。[62]尽管所有工业化国家的工会代表权普遍呈现走弱态势,但除了同样经历不平等大幅上升的英国,其他国家工会覆盖率的下降幅度都不如美国那么大,或者降到如此低的水平。这种下降背后有很多原因:就业从传统上工会分量很重的制造业中转出;雇主越来越抵制工会组织的工作,这部分源于美国国家劳工关系委员会(National Labor Relations Board)对集体谈判的执行力在减弱;二战后国际竞争日趋激烈,这使美国工人和外国工人的竞争更加白热化;同时,存在了约90年的集体谈判框架——1935年颁布的《瓦格纳法案》(Wagner Act),导致美国工会和其他工人代表难以适应迅速变化的、服务业不断增长的经济。

第二,最低工资没有跟上通胀的步伐。面对意识形态和商业资本的强大阻力,美国历届国会都允许联邦最低工资的实际价值不断萎缩,只有克林顿和奥巴马政府时期有过短暂的上涨。截至2020年,联邦最低工资的实际价值基本同70多年前的1950年处于同一水平,比1979年的实际价值低约35%。现有的最佳证据显示,经过精心调整的最低工资只会对就业产生些许观察不到的负面影响,不仅可以减少家庭贫困,而且可以非常有效地提升在美国工资分布低端占多数的少数族裔工人的收入。[63]降低美国联邦最低工资制度本身就是一项有意而为之的政策决定,它放大了美国收入不平等,延缓了美国低薪工人的收入增长,而且有可能进一步削弱工会代表其成员进行谈判的能力。

第三,现行的美国劳工政策是上一个时代的遗产。首先,国会未能革新劳工政策和社会政策以扩大传统保护措施,如对直接雇佣雇员、日益增多的合同工、兼职人员和临时工。其次,国会没有为那些非全职工人提供灵活可得的失业保险福利。最后,国会也没能确保所有工人都能获得可随时随地使用的健康保险,以及医疗、家庭和育儿假等福利。由此形成的政策真空导致了研究劳资关系的学者戴维·威尔(David Weil)所说的劳动队伍"裂解"。[64]用特别小组成员克里斯蒂娜·沃利(Christine Walley)的话说,"雇员发现自己越来越多地被外包、分包、兼职或按需工作,影响力越来越小,对工人的保护也越来越少"。[65]

美国劳动力市场压力的第四个来源是毫无防护地扩大自由贸易。无论是民主党执政还是共和党执政,美国政府都通过政策支持扩大与发展中国家——特别是墨西哥和中国——之间的自由贸易,却没有制定补充性的贸易调整政策,以缓冲收入和就业损失,满足工人和社区因面临政策引致的竞争环境突然变化而产生的各种再培训需求。我们崇尚贸易扩张能够降低消费者价格、为生产者开辟新市场、促进新产品和新服务的创造这一核心经济观点,而这些集体利益的价值则为援助受到贸易政策严重伤害的工人和社区提供了更有力的支持。美国未能提供此类政策援助而造成的经济、社会和政治损失,大于美国本该制定这些政策所需付出的合理代价。

鉴于全球劳动力市场的巨大分化,以及技术尤其是信息技术在加剧这种分化方面的作用,对人工智能、机器人、自动驾驶汽车和先进制造业等新技术的担忧变得更加突出。这些技术会缓解还是加剧当今劳动力市场的问题?或者,正如人们向特别小组提出的问题:"机器人会抢走我们的工作吗?"

第三章

技术和创新

快速发展的类人式人工智能浪潮会让我们都失业吗？算法和灵巧的机器人是否会阻碍服务业中低工资工作的增长（或取代被新冠疫情淘汰的工人）？机器人是否很快就会为我们打包和照顾老人？

对于这些问题，我们尚无准确的答案。技术发展不断地带给我们惊喜。我们确信未来将包含多种技术组合和多种方法组合，在大小企业中广泛应用。正如前一章所述，我们也知道，新技术将在一个高技能工作占主导、不平等加剧、工人话语权受损和种族不平等的国家中发展。政策不仅塑造贸易和劳工体制，而且塑造技术。它们与组织文化、经济激励措施和管理实践一样，影响企业开发和采用技术的速度和方式。

"机器人"带来的焦虑也显示出更广泛的文化不安。[①]即使在新冠疫情之前，美国中产阶级和工人阶级，尤其是那些没有受过高等教育或没有专业技能的人，有充分的理由担心，因为他们的工作形式越来越不稳定。美国在满足被技术变革抛在后面的工人和社区需求方面的表现不佳。公众不知道这些经济转型的原因，因此很容易把注意力放在"机器人"这一标志性技术上，它符合人们熟悉的象征着更广泛和更复杂变化的技术失控叙事。

2018年对技术和工作的关注浪潮显得如此突出，原因之一是人工智能有可能取代需要判断力和专业知识的工作，就像早先的自动化和计算机化浪潮取代重复性体力和认知工作一样。一些报告指出，高度专业化的办公室工作人员，包括保险理赔员、律师助理和会计师，都会被自动化和机器人取代。托马斯·马龙（Thomas W. Malone）、特别小组成员丹妮拉·鲁斯（Daniela Rus）和罗伯特·劳巴赫（Robert Laubacher）撰写的特别小组简报回顾了人工智能面临的挑战，并探讨了未来可能出现的问题。[②]

我们也知道，未来并不是根据数学或物理定律刻在机器和算法上的。在技术变革过程中的无数时刻，结果取决于人类的选择。工程师将社会关系和所向往的未来编码到他们制造的机器中。在影响新技术的发展方面，经济刺激、研发计划和组织的选择至少与工程愿景一样强大。例如，自动驾驶技术得到美国国防部高级研究计划局及其他机构几十年的联合支持，这些遗产仍然影响着该技术。同样，随着公共卫生危机在新冠疫情期间影响了技术的开发和采用，我们也目睹了公司、学校和政府使用远程呈现工具的巨大转变。研发项目经理、会议室里的董事、办公室规划师和车间经理所做的决策，也决定了工作岗位如何随着新工具的出现和广泛使用而演变。

管理实践也影响了采用新技术的速度和性质。正如阿里·布隆索勒（Ari Bronsoler）、约瑟夫·多伊尔（Joseph Doyle）和特别小组成员约翰·范里宁（John Van Reenen）在关于医疗保健信息技术的研究简报中概述的，让工人尽早参与技术整合和适应工作场所的过程，可以促进工人接受新系统，提升系统的性能。[3] 相反，自上而下地推行新技术和新的工作方式往往适得其反。利益相关者会抵制变革，特别是当信息技术决策者（如高级管理人员）和正在使用这些工具的人（如医生、护士）之间存在很大分歧的时候。研究人员发现，工人更多地参与将医疗保健信息技术的新能力应用于整个医疗保健体系，可以提高对这些技术的接受度，同时加快生产力的提升，减轻对劳动力的负面影响。

本章综合了特别小组的研究，这些研究探讨了关键技术的现状，评估了它们对就业的影响，这些关键技术包括保险和医疗保健业务流程中的人工智能、自动驾驶汽车、制造和分销领域的机器人技术，以及增材制造（Additive Manufacturing，AM）。其中一些技术，如自动驾驶，还未得到广泛使用，因此除了预测大致的时间表和10年或更长时间内的逐步转变，关于工作岗位将如何被重塑，仍只是一种猜测。在某些情况下，我们有更清晰的认识，因为各种形式的技术已经被采用，例如现在越来越多的机器人在仓库里搬运货物。另一些情况可能更难以想象，因为它们涉及使用软件来阅读文件和报销单、扫描医疗处方或跟踪交易以发现潜在的欺诈行为。所有这些都是在美国联邦政府的长期支持下开展的基础研究，助力新技术的诞生和早期发展，并为工业界培训从业人员。

特别小组的研究提出了三个关键议题。首先，人工智能和机器人应用的开发和部署时机，特别是在安全和生产领域的关键应用。虽然它们即将到来，但并不像有些人担心的那样近在咫尺，这为我们提供了窥见未来和准备应对的时间。动态环境中的灵活性仍是人类的一项关键属性，机器很大程度上仍无法企及。这种渐进主义为我们提供了一个机会，以考虑如何采用新技术以实现社会和经济利益最大化。也就是说，如果这些技术部署在一个现行劳动制度不够好的经济体中，那么它们很容易使目前的情况变得更糟：技术变革只是让雇主和受教育程度最高的群体获益，普通工人则几乎一无所获。

其次，技术提供了工作替代和工作增强的各种可能组合。在下文讨论的一个案例中，法律审计人员发现人工智能可以帮助他们工作，让他们腾出时间完成附加值更高的工作，同时要求公司雇用更多的审计人员，并提升工作效率。在其他案例中，移动机器人提高了仓库工人的工作效率，使他们可以专注于完成目前机器还无法完成的灵活任务。

最后，组织对如何部署和采用技术有很大的影响，因此影响组织的政策也将塑造技术。在部署任何技术以支持特定业务的过程中，集成（integration）和调适都是昂贵且耗时的任务。在技术曲线的这些阶段进行的创新既可以是技术性的，如更容易编程和标准化的界面，也可以是组织性的，如让一线工人参与微调机器人的任务。在这两种创新中，集成和调适都使技术变革带来了生产率提高，以及能为大多数工人提供机会、流动性及在一定程度上具有经济保障的劳动力市场。

历史总是惊人的相似：技术的长周期

为解决第一个问题，即开发、部署人工智能和机器人应用的时机，需要考虑技术属性随时间推移而发生的变化。提到新技术，人们往往会想到摩尔定律，即微处理器性能翻倍的奇迹，或者过去几十年智能手机和应用程序的惊人增长及其深远的社会影响。技术专家普遍将这些变化描述为"加速"，但在衡量标准上鲜有共识。

然而，研究人员研究历史模式时发现，在这些明显的加速之前，往往会有三四十年的酝酿期。例如，可互换零部件的生产使美国南北战争时期的大规模枪炮制造成为可能，但这是 40 年发展和试验的结果。战争结束之后，又过了 40 年，这些制造技术才逐渐成熟，实现流水线生产的创新。莱特兄弟于 1903 年首次飞行，虽然飞机在第一次世界大战时就实现了军事应用，但航空业直到 20 世纪 30 年代才出现有利可图的商业运输，又过了几十年，航空业才发展成熟到普通人可以定期安全飞行的地步。此外，人们预期的向超音速客机飞行的自然演进还未实现，而技术却向亚音速的自动化、效率和安全方向发展，这是巨大的进步，但不是沿着原始的速度衡量标准，而是沿着其他标准。

再看最近，互联网的基础技术始于 20 世纪 60 年代和 70 年代，到 90 年代中期时迅速发展到商业世界。即便如此，大多数企业也只是在过去 10 年才真正将网络计算作为业务和流程转型的手段。特别小组成员埃里克·布莱恩约弗森（Erik Brynjolfsson）将这种现象称为"J形曲线",他认为技术被接受的路径是缓慢渐进的,然后加速突破,最终被广泛接受,至少对于计算等通用技术而言是如此。[④]这样的时间表反映了新技术的完善和成熟、集成和管理上采用的成本,以及随后的根本性转变。

虽然只是近似值,但在我们评估技术变革与未来工作的关系时,40年是一个有用的时间段。正如科幻作家威廉·吉布森(William Gibson)的名言:"未来已来,只是分布不均匀。"吉布森深刻地将技术大规模应用的缓慢演变过程与我们今天看到的世界联系在一起。与其简单地进行失之偏颇和糟糕的预测,不如在当今世界中寻找引领技术变革的地方,并推断更广泛的应用。今天的自动化仓库很可能就是未来的一个缩影,尽管它的广泛应用尚需时日(而且很可能无法代表所有仓库)。今天自动化程度最高的生产线和高价值零件的先进生产也是如此。自动驾驶汽车的开发周期已有15年,但才刚开始初步部署。我们可以从这些初步部署中找到决定其大规模应用的线索。因此,特别小组并没有研究未来,而是通过对当今的技术和工作进行严格的实证考察,以做出一些有依据的推断。

今天的人工智能和工作的通用智能化

当前部署的大多数人工智能系统,虽然新颖且令人印象深刻,但仍然是特别小组成员、人工智能先驱、麻省理工学院计算机科学与人工智能实验室(CSAIL)主任丹妮拉·鲁斯所说的"专业人工智能"。换言之，这些人工智能系统能够解决有限数量的特定问题。它们可以检阅大量数据、提炼模型、做出预测以指导未来行动。鲁斯、托马斯·马龙和罗伯特·劳巴赫写道："狭义的人工智能解决方案可用于广泛的特定问题，并大幅提高工作效率和生产率。"⑤这些人工智能系统包括在美国电视游戏节目《危险边缘!》中击败人类玩家的IBM Watson系统及其在医疗领域的应用系统，或者在围棋比赛中击败人类玩家的谷歌AlphaGo程序。我们下文探讨的保险和医疗系统都属于这类狭义的人工智能，它们在机器学习、计算机视觉、自然语言处理或其他方面各不相同。目前使用的其他人工智能系统还包括更传统的"经典人工智能"系统，这些系统用形式化逻辑来表征和推演世界。人工智能不是单一的事物，而是各种不同人工智能（复数）的组合，各有特点，但不一定能复制人类智能。

专业人工智能系统主要依靠人类生成的数据，擅长在众所周知的任务中模仿人类的行为。它们还包含了人类的偏见，并且在稳健性（在不断变幻的环境中，包括故意在数据中引入噪声，始终如一地执行任务的能力）和信任度（人类相信人工智能每次都能正确执行指定的任务）方面仍然存在问题。马龙、鲁斯和劳巴赫写道："由于缺乏稳健性，许多深度神经网络'大部分时间'都处于运行状态，这在关键应用中是不可接受的。"可解释性问题加剧了信任问题，因为当前的专业人工智能系统无法向人类揭示它们是如何做出决策的。

对人工智能和机器人技术来说，适应全新情况的能力仍然是一个巨大的挑战，也是公司继续依赖人类员工完成各种任务的重要原因。人类在社会互动、不可预知的身体技能、常识，当然还有通用智能（general intelligence）方面表现出色。

从工作的角度看，专业人工智能系统往往是任务导向的，也就是说，它们执行的是有限任务集，而不是构成一份职业的全套活动。不过，所有职业都会有些风险。例如，阅读射线照片是放射科医生的关键工作，是他们要完成的几十项任务之一。在这种情况下，人工智能可以让医生把更多时间花在其他任务上，比如进行身体检查或制定个性化的治疗方案。在航空领域，人类长期以来一直依赖自动飞行员来增强对飞机的手动控制，然而，这些系统在飞行阶段的自动化方面已经变得非常复杂，飞行员可能会丧失手动控制的能力，这在极端情况下可能导致致命事故。人工智能系统尚未获得驾驶商用飞机的认可。

通用人工智能（AGI），即一种真正意义上的人工类人脑，仍是一个令人深感兴趣的研究课题，但专家一致认为，这一目标的实现仍将遥遥无期。目前围绕通用人工智能的一个争论点强调了它与工作的相关性。罗德尼·布鲁克斯（Rodney Brooks）教授认为，传统的人工智能"图灵测试"应该更新。[6]以前的标准是在一堵墙后面安装计算机，人类可以与这台计算机进行文字对话，并发现它与人无异。很早以前，简单的聊天机器人就已达到这一标准，但很少有人认为这代表通用人工智能。

在机器人的世界里，随着数字世界越来越多地与物理世界混合，布鲁克斯提出了通用人工智能的新标准：能够完成与世界进行其他类型互动的复杂工作任务。家庭健康助理是其中一个例子。这些工作任务包括为虚弱的人提供身体上的帮助，观察他们的行为，以及与家人和医生沟通。无论是针对这类特殊工作、仓库工人的工作，还是其他类型的工作，布鲁克斯的观点都表明，当前的智能难题不只是处理符号数据，还涉及身体灵活性、社会互动和判断力的问题。这些维度对工作有重要意义，但仍然是当前的人工智能无法企及的。将布鲁克斯的观点进一步推演，我们可以说，人工智能的未来就是工作的未来。

软件：看不见的机器人

为探索人工智能在服务业的发展现状和未来潜力，麻省理工学院的研究人员深入保险和医疗保健领域。他们发现，一些企业正在尝试使用新的软件和人工智能技术为高学历和低学历工人重新设计工作流程，修改任务分配和改进工作岗位的设计，目的是提高生产率。不同行业和不同规模的公司采用自动化的速度似乎并不一样。在保险和医疗保健领域，自动化在任务层面的应用要多于在工作岗位层面，我们仍处在早期实施阶段。

特别小组执行主任伊丽莎白·雷诺兹博士带领一个研究团队，深入研究了一家大型保险公司采用自动化系统的情况。⑦保险业在信息技术方面的领先地位由来已久。这家公司已经尝试过机器人流程自动化（RPA），这是一种能在计算机上执行的基于规则的自动化软件，通常作为传统软件系统的叠加。该公司的结论是，机器人流程自动化没有达到预期效果：大多数员工都在完成不同的任务，而软件不够灵活，无法实现所有任务的自动化。即使表面上做着同样工作的人，也有不同的方法或流程来完成这些工作。

因此，该公司重新评估了机器人流程自动化的方法，寻找使某些功能可自动化的途径。部分解决方案包括安装聊天机器人来处理发送到内部服务台和客户服务中心的最简单的问题，然后培训员工在更有意义的层面上与客户互动。

总的来说，自动化提高了现有劳动力的生产率，同时减少了完成工作所需的员工数量（不过，如果自动化能让公司降低价格或提供更好的产品，则这种动态可能会发生变化）。该公司发现的另一个挑战是，要确保这种任务的自动化不会将员工禁锢在旧的常规和传统技术中，否则会阻碍未来的创新努力。

这家公司的主导力量是数字化、信息技术的先进应用和云计算，而不一定是人工智能类型的算法。"我们的业务是技术，"公司的一位领导说，"现在技术和业务已经不分彼此。"该公司采用了软件行业二十多年来开发的敏捷方法和敏捷软件的新管理技术。敏捷方法包括可快速执行多次设计迭代的高度合作的小型团队，而不是遵循线性工作流程的大型团队。因此，公司从严重依赖两个软件供应商（IBM 和微软）转向了数十个规模较小、基于云计算的平台。软件开发和使用方面的这些变化对公司的业务方式产生了深远影响。

相比之下，人工智能的应用尚未达到预期。在客户服务中部署基于机器学习的聊天机器人、使用机器人流程自动化提高后台工作的效率，代表了自动化技术最早的一些应用。虽然后者从本质上来讲并不新鲜（最初的发展始于20世纪90年代后期），但其范围和触角已延伸到不同行业和拥有大量传统后台业务的公司，成为公司人工智能战略的基石。一位公司负责人说："咨询公司对我们这样的公司造成了巨大的损失，他们告诉我们使用这些新的人工智能可以节约数十亿美元。我们已经使用了一些人工智能，但并没有产生显著影响。"该公司的流程根本不够同质化或标准化，目前的人工智能还无法胜任这样的流程。

另一位公司负责人表示："我们正处在人工智能和机器学习能给保险业带来什么的起步阶段。我们还在摸索……只是在肤浅地研究人工智能和机器学习如何能够颠覆整个行业。"此外，挑战还来自商业和组织方面。"这与技术无关"，而是关于公司能否将其问题具体化，以使这些问题可以通过当前的技术加以解决。"（作为一个行业）我们在提出可行方案方面还不够成熟。"

一个成功实施人工智能系统的例子是一家公司利用人工智能提高了评估法律账单的效率。作为一家保险公司，它在美国各州和司法辖区雇用了数千家律师事务所，公司必须审核法律账单，以确保收费符合公司政策。它每年购买价值超过10亿美元的法律服务，并雇用了几十名审计师，这些人都是受过大学教育的律师和财务专家，负责查阅账单以核实索赔。

要将人工智能应用于账单审核，需要召集三个不同的专家小组：了解电子账单格式的数据科学家、编写算法的程序员，以及最初抵制这一想法的审计师。这家公司花了几个月的时间学习、协调和开发，建立了机器学习模型，以校准算法来检测账单中的异常情况。经过几轮试用，包括向首席执行官介绍并获得其支持后，该模型的准确率达到了 85%。当模型被应用于审计过程的末端时，应用结果说服了审计人员，算法可以发现人工遗漏的异常情况。很快，该系统每年就能节省数百万美元，并使审计人员腾出手来从事更复杂的工作。这一人工智能系统已经产生了实质性影响，但它与传统的 IT 项目一样，需要适当的专家组合、创新的团队合作、行政支持和前期投资，才能显示出好处。

雷诺兹和她的团队发现，基于人工智能的软件系统并没有导致整个团队被裁员，但它们确实放慢了相关部门的招聘步伐，就像前文的例子一样。虽然裁员和招聘放缓最终都意味着受影响部门的员工数量减少，但它们对工人的影响有质的不同。

这家公司仍然扮演保险代理人的传统角色。在这里，人工智能和机器人流程自动化很大程度上是互补的。与其他零售产品一样，保险目前仍然采用一种全渠道销售的方式，即直接面向消费者（在线）、直接响应中心（在线加人工电话，或仅后者）以及面对面销售（线下）。这种情况很可能会发生变化，因为下一代客户更乐于在无须人工协助的情况下与公司接触。

十年前，该公司曾预计面对面的代理人工作将逐渐消失，而直接面向消费者的活动将会增多。尽管直接面对消费者的业务有所增长，但是面对面的代理人数量一直保持相对稳定。客户在购买保险之前仍然需要人与人之间的互动。虽然只有少部分客户使用自助服务选项，但这可以让代理人将更多时间用于向那些希望面对面交流的客户出售保险，从而提高他们的销售额和佣金，并提供更多定制的保险套餐。与此同时，电子签名等新的数字技术通过避免签署成堆的文件，提高了某些任务的效率。通过收集、汇总和分析第三方数据，机器学习算法使公司更了解现有或潜在客户。通过这些数据，公司可以预测客户可能打电话询问即将到来的账单；可以致电该客户，建议其在汽车保单中增加一名新司机，因为孩子已经满16周岁。虽然代理人必须通过使用应用程序和平板电脑来精通技术，但这所需的新培训并不多，而且都可以在工作中获得。

另一个行业的例子是医疗保健行业对新工具和新技术的大量投资正带来巨大变化。约翰·范里宁和约瑟夫·多伊尔、阿里·布隆索勒仔细研究了技术诱发的转变，包括电子病历对行业的影响。[8]

对从事中低薪工作的人来说，医疗保健行业是极具潜力的好工作，但是快速增长的家庭健康服务却不一定。好消息是，在可预见的未来，各类医疗保健行业有助于扩大就业。当前从事医疗保健行业的人数占美国总就业人数的11%，并正在迅速提高，随着人口老龄化和新疗法的出现，这种情况可能会持续。至少对那些直接为医疗保健系统工作的人来说，该行业是一个可提供良好岗位、合理薪酬和工资外福利的部门。相比之下，家庭医疗保健人员的工资低，福利少。[9]

虽然医疗保健行业被认为可抵御经济衰退风险，但具有讽刺意味的是，新冠疫情危机导致医疗保健行业的就业率急剧下降，因为在疫情期间，人们倾向于避免非必要的就医。[10]

布隆索勒、多伊尔和范里宁指出，在医疗保健领域，新技术的兴起也许会减缓新工作岗位的增长，但不会减少工作岗位的总数。与此同时，新技术也在明显改变医院的员工组合。近年来，专门使用计算机应用软件的医务人员在就业和工资增长方面都超过了护士（见图3.1）。

尽管有这些新的医疗保健技术和信息技术投资，但令人惊讶的是，这些行业的生产率增幅相对较小。据其他行业的经验显示，对新技术的管理才是生产率提高的一个重要动力。[11]这给高度分散的医疗保健行业带来了显著挑战，因为临床工作者在为病人做抉择时习惯了高度的自主性。一位受访的高级医疗保健技术经理提到："虽然医疗保健系统中有很多机器技术，但很难将它们整合并充分发挥作用。"

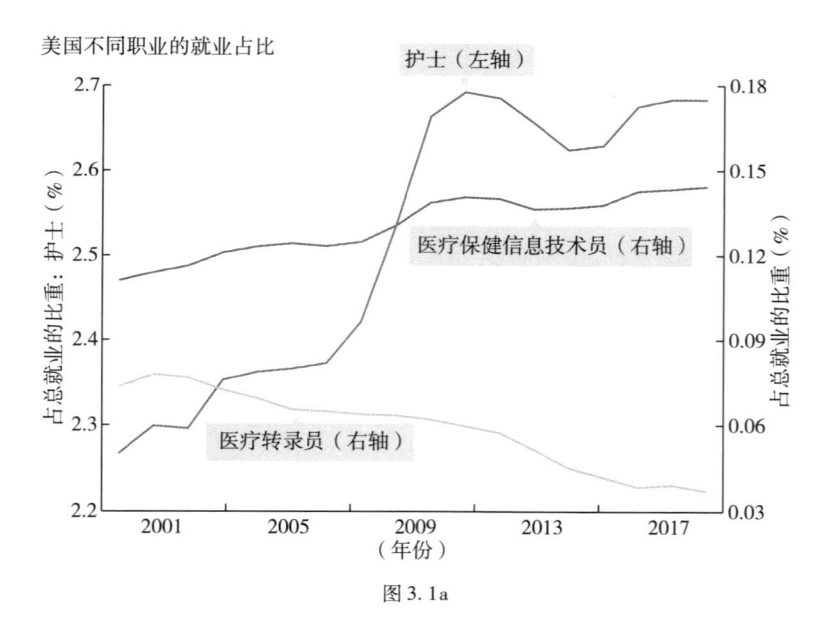

图3.1a

以美国平均工资测算的单位小时相对工资

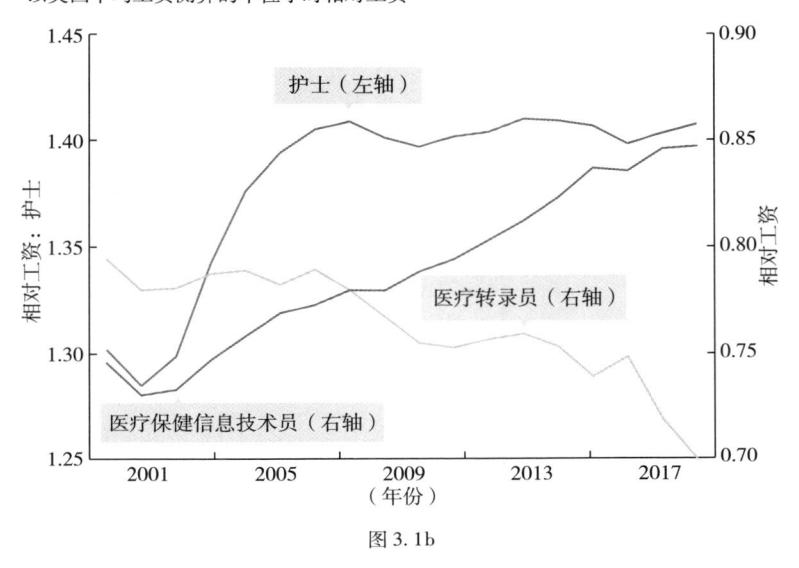

图 3.1b

图 3.1b 2001—2018 年护士、医疗转录员、医疗保健信息技术员的就业和工资情况

注：图 3.1a 的图示报告了护士、医疗转录员和医疗保健信息技术员的就业人数占美国总劳动力的比例。图 3.1b 的图示报告了护士、医疗转录员和医疗保健信息技术员的平均小时工资与全美平均小时工资的比率。

资料来源：基于美国劳工统计局提供的职业就业统计数据（http://www.bls.gov.oes/tables.htm）。

Epic 等新型电子病历（EHR）技术是近几十年来医疗保健领域最重要的 IT 投资项目，自 2010 年以来已投入 300 亿美元专门用于推广此技术。受 2009 年《经济和临床健康信息技术法案》（Health Information Technology for Economic and Clinical Health Act，简称 HITECH 法案）的刺激，电子病历应用得以迅速扩散。该法案是《平价医疗法案》（Affordable Care Act）的一部分，旨在提高对电子病历的使用。电子病历是决策支持的平台，它将病人层面的数据与最佳实践和临床指南以及数据分析相结合，可以在质量和效率方面带来更大的长期收益。虽然此技术在提高医疗生产率方面有诸多优势和潜力，但其局限性依然存在，包括电子病历缺乏市场竞争力，这可能会放缓采用和创新的步伐。一位资深医疗保健信息技术专家说："电子病历是为过去的医疗保健设计的，建立在过去的医疗保健基础之上，而不是为了数字前沿的医疗保健设计的。"

与其他行业一样，直接受雇于医疗保健体系的人使用的新技术，往往补充了高学历和高度专业化工人的工作，也替代了专业化程度较低的工人。在临床方面，人工智能和机器学习技术正在使用医学成像技术读取射线照片，使用数据科学处理海量数据，生成对患者病因的推断和预测，以此推动重大变革。这些技术倾向于为临床医生提供更全面的见解，从而提高效率。例如，为护士提供的新扫描技术可以让他们扫描而不是手动输入患者的所有信息，包括药物治疗，从而提高了安全性和效率。同样，新的通信技术，如安全信息传递而非传呼机技术，使护士能够及时与团队其他成员（医生、住院医师、其他护士）联系，讨论治疗方案，确保治疗的一致性、准确性和及时性。在这两种情况下，技术都是对部分任务进行补充，同时取代部分其他任务。在这些技术变革中，护士的工资与美国普通工人的工资相比，在过去15年保持相对稳定（而医疗保健信息技术工作者的工资却在上升，见图3.1）。

新技术有可能为医疗保健节约大量成本。据兰德公司一项广为人知的研究估计，采用数字技术可以在 15 年内节约 1 420 亿至 3 710 亿美元。[12]到目前为止，HITECH 法案的实际影响令人失望。凯勒曼和琼斯随后在兰德公司开展的研究发现，预期的成本节约并未实现，部分原因是医疗服务供应商之间缺乏信息共享，以及在激励措施与节约医疗成本的目标背道而驰的环境下，员工队伍不认可该法案。[13]谈到新技术对节约成本的影响，医疗系统更关注的是非临床工作。这包括财务、行政、合规、计费、医疗信息和供应链管理等后台和文职工作。在对一家大型医疗保健公司的采访中，高级技术负责人概述了他们的目标，即通过自动化减少对劳动力的依赖。一位高级管理人员估计，50%~60% 的人力资源工作可以被机器人程序自动化取代。然而，如何排列流程，使它们易于实现自动化，是一个常见的挑战。在任务的执行方式上几乎没有一致性：这位高管证实，"因为有 13 个不同的部门，所以有 13 种不同的做事方式。挑战在于能否改变组织内部的文化，使其以特定的方式做事"。

在大型医疗保健体系中，机器人程序自动化已被用于替代多项任务，从传统的扫描病历，到验证临床医生的执照，以及在整个医院内快速传达有关药品召回的详细信息。不过，一位高级负责人强调，自动化并没有导致员工被一对一替代。在大多数情况下，实现自动化的工作只是员工需要完成的小部分任务。通常情况下，员工会被重新部署，或在体系内找到不同的工作，部分原因是近年来整个医疗保健体系在不断发展壮大。如前所述，对工作岗位的主要影响是取消了空缺职位（退休人员也在过渡中发挥了作用），从长远来看，这意味着这些职位的就业率会下降。

然而，并非所有转型都没有痛苦。自21世纪初以来，医疗转录员等具有无法迁移的技能（nontransferable skill）的雇员受到了沉重打击，因为他们的相对就业人数和工资持续下滑。据人力资源部门经理介绍，在组织内部为这些员工安置新职位一直是个挑战，自引入电子病历以来，许多人都被解雇了。最近的一些研究得出的结论是，在医疗保健行业，基于文书工作的所有职位最终都会过时，但非文书部分也许还能保留很多工作。[14]

正如布隆索勒、多伊尔和范里宁讨论的，医疗保健信息技术的引入往往导致成本增加，但这对患者的治疗效果产生了积极影响。我们有理由（但远非完全）相信，引入信息技术的成本将减少，而对治理效果的积极影响将会增大。医疗保健信息技术被采用的速度可能会加快。与其他行业一样，对劳动力的影响可能表现为对技术类技能（technical skill）的需求不断增加，无论是前台工作还是后台工作均是如此。

看得见的机器人：无人驾驶汽车、仓储配送及制造业

没有什么行业能比自动驾驶轿车和卡车更能说明关于机器人技术的前景和担忧了。自动驾驶汽车（AVs）本质上是高速轮式工业机器人，由感知、机器学习、决策、调节和用户界面等尖端技术驱动。自动驾驶汽车在文化和象征意义上引起的共鸣，使它们成为媒体报道新技术时最关注的焦点，并引发了大量的资金投

入,使"无人驾驶"的未来成为人们对自动化新时代的希望和担忧的焦点。

在计算机控制下穿越地形运输货物和人员的能力不仅体现了21世纪技术的一个梦想,而且有可能引发巨大的社会变革和流离失所。在无人驾驶的未来,事故和死亡人数可能会大幅下降。人们在交通拥堵中浪费的时间可以重新用于工作或休闲。城市景观可能会发生改变,停车需求会减少,所有人的安全和效率得到提高。新的商品和服务分销模式预示了一个新世界,在那里,人和物的物理移动毫不费力,就像比特在互联网中毫不费力地流动一样。

就在十年前,人们普遍不相信某种形式的无人驾驶汽车将会上路。由美国联邦政府支持的大学机器人学和自动化研究已经发展了两代人,在军用机器人方面才开始有所进展。然而今天,世界上几乎所有的汽车制造商以及许多初创企业都参与其中,并重新定义出行(mobility),这对就业的影响是巨大的。据估计,汽车行业本身的工作岗位只占所有私人部门工作岗位的5%左右。还有数以百万计的人作为汽车驾驶员,以及在为这些车辆提供服务和维修的公司网络中工作。

特别小组成员约翰·伦纳德和戴维·明德尔参与了这些技术的开发,并与研究生埃里克·斯泰顿一起研究了这些技术的影响。他们的研究表明,出行自动化的宏伟愿景不会在几年内完全实现。[15]现实驾驶环境的多变性和复杂性要求我们能够适应突发情况,而目前的技术尚未掌握这种能力。最近发生的两起波音737

MAX 飞机失事共造成 346 人死亡的悲剧和丑闻，以及自动驾驶汽车测试项目在公共道路上发生事故，都强化了公众和监管机构的审查，也让人们对这些技术的普及速度更加谨慎。与客机相比，无人驾驶汽车的软件更复杂，更具不确定性，我们仍然缺乏技术和工艺来认证其安全性。有些人甚至认为，解决通用自动驾驶（generalized autonomous driving）问题等同于解决通用人工智能问题。

对现有最佳数据的研究表明，围绕自动驾驶的出行变革将需要十多年时间，并将分阶段推进，首先是仅限于特定地域的自动驾驶系统，如城市或校园班车（如美国一家自动驾驶公司 Zoox 发布的产品）。卡车运输和送货也可能是早期应用的案例，几家领先的开发商正在关注这些应用，既有完全自动驾驶模式，也有人类驾驶员主导的增强型"车队"系统。2020 年末，优步（Uber）出售了其耗资数十亿美元却收效甚微的无人驾驶汽车部门，这是该行业从"机器人出租车"转向物流的标志性事件。亚马逊支持的极光公司收购了该部门，将技术重点放在卡车运输上。随着技术壁垒的攻克，更多的自动化系统最终将得到普及，但目前人们对驾驶工作迅速被淘汰的担忧并没有得到支持。

无论是轿车、卡车还是公共汽车，自动驾驶汽车都将底特律的工业传统、硅谷的千禧乐观主义和颠覆精神，以及国防部高级研究计划局启发的无人武器军事愿景结合在一起。卡车司机、公共汽车司机、出租车司机、汽车机械师和保险理财师只是预计将被取代或补充的一部分工人。这一转变将与全电动技术的转变携手并进，在创造其他工作岗位的同时淘汰一些工作岗位。[16]例如，与传统汽车相比，电动汽车所需的零部件更少，向电动汽车的转变将减少生产电机、变速箱、燃料喷射系统、污染控制系统等方面的工作。这种变化也将带来新的需求，例如对大规模电池生产的需求（也就是说，耗电传感器和自动驾驶汽车的计算将至少部分抵消电动汽车的效率提高）。随着包括网联汽车、新的出行商业模式和城市公共交通创新在内的各种创新汇聚在一起，进而重塑人和货物的流动方式，自动驾驶汽车很可能成为不断发展的出行生态系统的一部分。

无人驾驶世界的运输工作

关于自动驾驶汽车的叙述，建议以人工智能为基础的软件系统取代人类驾驶员，而这些系统本身是由几位计算机博士在实验室里创造出来的。然而，麻省理工学院的研究人员在对底特律的研究中发现，这是对目前正在进行的技术转型的简单化解读。诚然，与传统汽车行业相比，自动驾驶开发机构往往拥有更高比例的高学历员工。即便如此，自动驾驶系统的实施仍需要各个层面的努力，从安全驾驶员的自动化监督到远程管理和调度，再到地面的客户服务和维修。

以一家大型自动驾驶系统开发商的"现场主管"职位为例。其工作职责包括监督一个安全驾驶员团队、重点关注客户满意度以及机械和车辆相关问题的反馈报告。该职位提供中等薪酬和福利，不要求两年或四年制学位，但需要至少一年的领导经验和沟通技能。同样，尽管有高度复杂的机器学习和计算机视觉算法，但自动驾驶系统仍需要技术人员对车辆和建筑环境（built environment）中的各种传感器进行例行调校和清洁。负责维护自动驾驶系统的现场自动化技术员的工作职责要求如下：中等薪资，不要求四年制学位，一般只要求具备车辆维修和电子方面的背景知识。有些职责是完成工作所必需的，包括零部件库存和预算，还有实操类的体力劳动，但不包括工程设计。

一旦自动驾驶系统被推广，将创造更多这样的工作岗位，以及其他致力于确保安全性和可靠性的工作岗位。与此同时，未来的自动驾驶将需要明确的战略，使工人摆脱传统的驾驶员，转向有保障的就业。

由于美国有300多万名商用车司机，因此自动驾驶汽车的快速面世会对这些人造成极大的干扰。这些司机通常只有高中或以下学历，或者是有语言障碍的移民。伦纳德、明德尔和斯泰顿的结论是，放慢采用速度将缓解对工人的影响，使现有司机能够退休，年轻工人能够接受培训以填补新设立的职位，如监控移动车队。[17]同样，实际的采用时间表也为技术、采用和政策的制定提供机会。特别小组研究咨询委员会成员苏珊·黑尔珀及其同事在2018年的一份报告中讨论了一系列可能的情况，并发现自动驾驶汽车对就业的影响与普及时间成正比。当然，突然实现的自动驾驶会使数百万人失业，而如果在30年内实现自动驾驶，就可以通过退休和代际更替来适应这一变化。[18]

与此同时，汽车和卡车制造商已经在生产能够增强而非替代驾驶员的汽车。这些产品包括目前在售汽车上常见的大功率巡航控制和警报系统。在某种程度上，替代型无人驾驶汽车将与增强型计算机辅助人类驾驶员展开竞争。在航空领域，这种竞争持续了几十年，无人驾驶飞机才找到了自己的利基市场，而人类驾驶的飞机则通过自动化得到了高度增强。美国空军的"捕食者"和"收割者"等无人驾驶飞机问世后，需要比传统飞机更多的人来操控，并提供了全新的能力，如24小时不间断监视。[19]

根据目前的知识水平，我们估计，向无人驾驶系统的转变将缓慢推进，到2030年时，其使用仍将是有限的，即使在比较容易使用的卡车运输行业也是如此。在乘用车等其他应用场景中，总体转变速度可能也不会更快。

即使实现了向无人驾驶系统的转变，未来的自动驾驶汽车也不会让工作消失。新的商业模式和潜在的全新产业部门，都将受到技术的推动。在自动驾驶系统工程和车辆信息技术的专业技术领域将出现新角色和新专业。在实现完全自动驾驶之前，自动监督或安全驾驶员的角色对自动驾驶水平至关重要。远程管理或调度员的角色将把驾驶员带入控制室，并要求其掌握与自动化互动的新技能。此外，还将出现新的客户服务、现场支持技术人员和维护人员。也许最重要的是，对技术的创造性使用将带来今天难以想象的新业态和新服务。20世纪20年代，当乘用车取代马车出行和支持马车出行的大量职业时，路边汽车旅馆和快餐业应运而生，为"驾车的大众"提供服务。出行方式的变化又将如何促成和塑造分配与消费的变化呢？

同样重要的是，新技术对人们工作方式的影响。与其他新技术一样，如果支持工人的制度不与时俱进，在现有的出行生态系统中引入昂贵的新型自动驾驶汽车，只会延续现有的进入权利和机会不平等（inequality of access and opportunity）。在一项关于底特律地区的工作、不平等和公共交通的全面研究中，特别小组的研究人员注意到，早期大多数在装配线上建造 T 型和 A 型福特汽车的工人都是乘坐底特律当时高度发达的有轨电车上班的。[20]在此后的一个世纪里，特别是在底特律，美国各地的城市公共交通一直是提供给大多数工人的基本服务，但也成为助长制度性种族主义、城市人口向就业机会丰富的郊区迁移以及不平等的工具。支持公路建设的公共言论和政治决策诋毁并破坏公共交通，还往往带有种族色彩。因此，黑人和其他少数族裔更有可能缺乏使用个人乘用车的机会。

研究得出的结论是，单靠技术无法弥补工人面临的出行限制，如果不进行制度改革，现有的不平等现象将持续。与其他技术一样，在旧的交通系统中部署新技术也将加剧不平等，因为"人们的注意力会转向新事物，而不是有用、实用和需要的事物"。制度创新与机器创新同样重要。近几十年来，试点项目取得了令人鼓舞的成绩，但还必须做更多的工作来推广这些试点项目，并确保对其服务的社区负责。"交通提供了一个关于政治可能性的独特场所。"[21]

仓储和配送

当技术能够带来新的商业模式并推动行业变革，而不是将人们以前完成的任务自动化时，它们往往会产生最大的影响，创造最多的就业机会。电子商务的兴起为消费者和企业提供了全新的购物和订货方式，它是这种变革的缩影，尤其是通过其对货物运输和分销（物流）的影响。

电子商务可被视为零售购物的一种自动化，在零售业中产生相应的就业效应。过去顾客必须到商店挑选、购买产品并将其带回家，而现在消费者可以使用网页，将订单直接输入半自动化的供应链，由人和机器共同完成交货。

在40年的采用周期内，技术对物流和仓储的最大影响也许只是整个周期中的一个片段。信息技术和网络仍然在改变着整个系统。

与出行一样，有关配送的新闻报道可能会让人误以为工作机会即将开始枯竭。事实上，在谷歌上搜索"仓库自动化"就会出现7 300万次点击，其中许多都是对新系统的促销活动，这表明市场格局正在发生迅速变化。毋庸置疑，这一图景里充满了令人兴奋的新技术和新投资。[22]

但特别小组成员弗兰克·利维与韦尔斯利学院学生阿尔希亚·梅塔合作，发现了一个逐步采用的过程。他们询问了自动化供应商、配送中心经理、老牌公司和初创公司的领导者。[23]在最近公布的一项调查中，三分之一的受访者表示使用了自动导引车，但只有不到五分之一的受访者表示使用了自动包装解决方案、协作机器人或自动分拣技术。[24]

与其他行业相比，物流业的地理位置较为分散，且更多位于农村地区。我们将物流定义为三个行业的总和：仓储、货运和货运安排（即经纪人和第三方物流供应商，或称3PLs），提供300多万个工作岗位（在新冠疫情暴发之前）。这相当于美国经济中约2%的工作岗位（约占制造业工作岗位的25%）。

电子商务推动物流业发生两个根本性变化。首先，该行业历来都是为了向当地零售商交付大宗货物以供销售而设立的。电子商务已经将大部分货物的运送终点从仓库和配送中心改为个人住所。其次，电子商务从根本上缩小了物流中心现在必须处理的订单规模，甚至缩小到单个物品。仓储业传统上是为运输大宗货物而建立的。卡车会在门前排队卸货，然后将产品重新码放，再大量运往商店、餐馆或其他仓库做进一步处理。但是，随着电子商务的发展，现在的仓库同样有可能处理大量的单件或小批量物品，例如，加利福尼亚客户订购的一件玩具，或者康涅狄格州医生办公室订购的几瓶洗手液。

梅塔和利维认为，如果我们把物流就业看作电子商务带来的就业增长和自动化带来的就业减少之间的拉锯战，那么目前就业增加取得了决定性胜利。[25]自2000年以来，卡车运输业增加了13万个工作岗位（达到175万）。同期，仓储业的就业岗位增加了一倍多，达到110万个（其中约30%是低工资体力劳动）。这些增长更多出现在农村地区，而不是城市地区。

076　AI时代的工作

从某些方面来看，尽管工作岗位大量增加，但生产率并未得到提高。行业统计发现，2000年至2014年，美国生产率提高了20%以上，但此后实际上有所下滑，导致2019年的生产率低于2000年的水平。对这种逆转的一个合理解释是，在电子商务时代，物流面临的挑战增加了。[26]如今，配送和物流中心面临着卸货、拆包、存储、准确选择（分拣）和包装产品的问题，小到珠宝首饰，大到50磅＊一袋的宠物食品和大型体育器械。

仓库在采用自动化方面进展缓慢，从2014年到2019年，仓库出货量的快速增长是通过在自动化程度较低的设施中增加劳动力实现的。其中许多任务，特别是分拣和包装单个物品（逐个分拣），仍然由人工完成。从货盘上取下塑料包装这一简单的挑战，当前商用机器人仍无法胜任。

梅塔和利维写道："在仓储领域，能够识别、抓取和操纵各种物品流的机械手臂仍处于起步阶段。"在自动抓取系统上正在投入大量的努力和资金，但估计需要3~5年的时间才能开发出会危及分拣和包装领域众多工作岗位的技术。[27]然而，这个时间框架并没有考虑广泛推广所需的时间，因为用最先进的技术改造旧仓库和物流中心是一项有风险的颠覆性投资（我们访谈的一些行业领袖认为自动分拣的时间表仍将延后）。如今，与人类相似的身体灵活性，包括人类奇妙的柔韧性，仍是机器人系统无法达到的。

与其他行业一样，对劳动和效率的主要影响来自几十年来信

＊ 英制质量单位，1磅约为0.454千克。——编者注

息技术的成熟应用。卡车运输效率的提高来自货运安排部门，其中数字工具改善了中介、装载和调度等流程。梅塔和利维写道："重要的技术并不总是最新的技术。"

30年前，卡车经纪公司的一名员工利用名片、电话、人际关系和传真机将公司和卡车司机联系起来。当一家公司打电话给经纪人，告知其运输任务的要求，包括预期支付的费用（有待协商）时，连接过程就开始了。在建立联系的过程中，经纪人手中的名册规模是关键。有了大量的联系人，经纪人就有可能给卡车司机提供一系列运输任务，使卡车几乎不会空驶。

第三方物流公司的运作方式与此类似，但有一项重要的补充：需要规划一条高效的路线，让卡车司机将几家公司的货物运送到几个不同的目的地。到20世纪80年代末，第三方物流公司开始使用计算机电子表格（如Lotus 1-2-3）来帮助设计试错线路。

由于经纪人和第三方物流公司从事信息交易，数字化工具的发展大大增加了雇员能做的事情，并改善了他们做事的方式。对传统经纪人来说，建立联系的第一步不再是接到一家公司的电话，被告知货运工作。相反，许多公司现在直接在大型数字招聘网站上发布工作内容。经纪人会在一个或多个网站上寻找潜在的司机。由于能够同时查看大量的工作任务，这就更有可能设置一条减少空驶时间的送货路线。

一些初创公司正在扩大数字招聘网站的自助服务范围，鼓励司机使用专用的手机应用程序直接访问这些招聘网站。在少数情况下，初创公司可以利用机器学习来识别卡车司机喜欢的工作类型，并在此类工作出现时提醒卡车司机。虽然仍需要人工来处理可能出现的问题，例如，尚未准备好提货的预定装运，但这些初创公司正试图将经纪人的工作自动化，就像直接购买机票已经将旅行社的工作自动化一样。

与此同时，数字化使经纪人和第三方物流公司能够将以前由低层员工执行的高度常规化任务自动化。在某些情况下，第三方物流公司与企业建立了稳定的合作关系，可以提供自助订购门户，企业可以制定各项装运要求，如集装箱的类型和形状、准确的取货和送货地点、是否有危险品等。以前，这些信息可能需要一个人来回沟通交流来收集。过去需要人工从网上收集运送货物的文件（例如，已签名的交货证明），现在可以从网上自动抓取。

因此，特别是第三方物流公司，其就业结构已从小时工转向受过软件设计、数据分析和相关领域培训的工薪人员。同样，改变大多数仓库技术的不是机器人，而是通常被称为"仓库管理系统"的信息技术。这些软件系统记录和跟踪产品从一个装卸台到另一个装卸台，并与跟踪供应链的其他系统连接。

使用机器人系统的仓库要少得多。现代物料搬运协会（Modern Materials Handling Institute）在 2019 年开展的一项调查证实，虽然 80% 的受访者使用仓库管理系统，86% 使用条形码扫描仪，但只有 26% 使用成熟的射频识别（RFID）标签技术。在自动货物运输方面，63% 的企业使用传送带和分拣系统，但只有 22% 的企业使用自动化仓储系统（ASRS），15% 使用自主移动机器人。机器人和自动化技术，尤其是与信息技术创新相结合，正在迅速发展，并以全新的形式出现。自动化仓储系统类似于盒装的自动仓库，尽管它们依然价格昂贵，而且只适用于最大的高吞吐量应用。在亚马逊 Kiva 机器人系统中，移动机器人大军将货架上随机混合的物品运送给人类拣货员，形成一套分布式自动化仓储系统。在其他"按灯拣货"（pick to light）系统中，计算机控制的灯光引导人工拣货员挑选商品。机器人小车（如被电商巨头 Shopify 收购的 6 River Systems 公司生产的机器人小车）陪伴拣货员穿过货架，帮助他们快速拣选订单。各种形式的自动化叉车和拖车正在找到利基应用，其稳健性和灵活性必将不断提高。

一位经理对梅塔和利维说："我真正想要的是软件，它能跟踪现场的每个人和每台机器人，并告诉他们下一步应该做什么。"这样的系统今天已经存在，但它们非常复杂，开发和部署极其困难，尤其是在一个瞬息万变的行业中，根本难以满足需求。它们还引发了对监控的担忧。我们可以想象这样一个世界：整个订单履行中心或配送中心，甚至整条供应链，都将成为一个由人、机器人和基础设施组成的协作机器人系统，所有这些都可以通过软件快速重新配置。这种系统如何才能发展到重视人的自主性和灵活性，而不是简单地把工人当作受软件指挥的"自动装置"？

与制造业一样，更高水平的自动化在大型企业最为可行。

最大的仓储公司获得了潜在的巨大成本优势，因为它们有足够的资源来承担推行先进自动化所需的风险和费用。规模较小的公司通常以渐进方式进行自动化投资，租赁机器人作为一种商业模式取得了一定成功，因为它使小企业能够在瞬息万变的行业中应用机器人而无须投入资本。

除了仓储，物流业也将受益于上述自动驾驶汽车不断增强的能力。与其他自动驾驶汽车领域一样，物流业的自动化道路仍然漫长，方向依然不明。我们描述了长途卡车运输中的自动驾驶潜力。但是，即便无人驾驶卡车的问题得到完美解决，变革的时间就算不变也将是半代人的时间。典型的8级卡车（33 000磅以上）在路上平均行驶14年才会报废（如果有更好的技术出现，可能会更早报废）。由一名人类驾驶员带领数辆无人驾驶车辆的自动排车系统可能很快就会出现，但对劳动力的影响更多是渐进式的。与其他类型的机器人一样，自动驾驶卡车可能会让规模更大、资本更雄厚的车队和企业车队获益，前者如J. B. Hunt公司，后者如美国联合包裹运送服务公司（UPS）和沃尔玛（Walmart）。

电子商务卡车运输业的就业增长主要体现在最后几公里的本地配送上。科技出版物上有大量微型送货机器人穿梭于城市街道或者无人机向农村地区运送急需药品的图片。这些可能性确实引人注目，而且这些技术也令人兴奋（在新冠疫情时期可能更是如此）。目前展示的这些送货机器人通常由人类操作员通过备用无线电控制系统进行监控。可以确信的是，这些操作员就像自动驾驶汽车和卡车的安全驾驶员一样，在未来的某个时候会被取代，或者对大型车队进行监督。但是，由于环境的复杂性，包括需要避开或绕过道路、宠物和不合作的（即普通的）行人，因此在一段时间内，很难在受限和明确界定的区域之外实现自动运行。

梅塔和利维总结道，至少在十年内，完全自动驾驶卡车不可能取代大量的卡车司机。在此期间，仓储可能会以低薪工作为主，其中一些工作可能会因分拣和包装自动化程度的提高而面临风险。自动化和机器人技术将为技术人员、软件开发人员、数据科学家以及类似的技能职位创造工作，但它们可能会淘汰更多的仓储拣货员、包装工以及卡车司机的工作。梅塔和利维指出："货运安排（经纪人和第三方物流公司）的职业结构已经偏向于技能职位，而日常文职工作的持续自动化将加剧这种倾斜。"同样，新技术的发展将有利于大公司和中高技能工人。

工厂灯光是熄灭抑或只是暗淡？

当前的先进制造业与自动驾驶汽车类似，前景广阔的技术比比皆是，但是如何使这些技术稳健可靠却面临着无数挑战。

作为特别小组研究课题的一部分，麻省理工学院机器人教授朱莉·沙阿和她的学生研究了德国工业机器人的部署情况，这是整个欧洲正在努力推进的工业4.0的一部分。工业4.0起源于2011年德国的一项战略举措，被称为"第四次工业革命"。

工业4.0的目标是将工厂中的机器和任务流程连接起来，以便通过先进的数字工具对它们进行监测和控制。沙阿和她的团队评估了研究人员开发并被工业界采用的技术、开发人员面临的挑战、公司认为十分重要的未来发展方向，以及工业界广泛采用机器人技术面临的研发挑战。他们发现，在研究环境中展示的技术潜力与当今车间的实际使用情况之间存在巨大差距。[28]

沙阿和她的团队研究了"自上而下"的自动化方法和"自下而上"的自动化方法，在前一种方法中，任务要适应技术，在后一种方法中，工人从需要完成的任务开始，相应地调整技术。一般而言，自下而上的方法似乎更成功，因为解决方案更贴近需要改进的人和任务。一家公司在工厂车间设立了机器人体验中心，工程师与生产线工人密切合作，在那里提出新的想法，制作解决方案的原型，并对生产线进行改造。公司更倾向于"为任务编程，而不是为机器人编程"，也就是说，解决要完成的更重要的工作，让人们能够指导机器人的部署，以提高生产率和消除"痛点"。正如特别小组的其他研究表明，工人的声音仍然是当今自动化成功的重要组成部分。

将机器人技术融合到生产线仍面临挑战。几十年来，工业机器人已经得到大规模应用，但大多数机器人对周围的人来说仍很危险。安全系统的创新使机器人系统能够与人更紧密地合作。协作式机械臂是解决这一问题的一种方法，它们携带的有效载荷较轻，运行速度较慢，而且具有其他特性，可以在笼子外工作。它们的低成本也降低了实验和部署的门槛。不过，为了确保安全，协作机器人的运行速度比笼式机器人慢，这就降低了它们的产量和能力范围。

重新思考生产系统，将信息技术与运营技术（OT）相结合，并生成大量实时数据，这既是技术方面的挑战，也是认知、社会和组织方面的挑战。

但是，即使机器人的成本在下降，将它们集成到现有生产线上的人力成本仍然很高。目前，人们正在设计更好的界面和更简便的编程来简化向自动化的转型，但由于缺乏标准和集成所需的高水平人工技能，这项工作仍受到阻碍。事实上，工业"物联网"（IoT）——低成本、无处不在的传感器网络——应用一直进展缓慢，主要原因是数据和安全问题以及价值不明确。数字孪生（代表物理对象的计算机模型）、高级仿真以及增强现实和虚拟现实系统都是未来自动化调色板中大有可为的色彩，但要广泛采用，还需要克服类似的挑战。

技术瓶颈依然存在：视觉、感知和传感，以及稳健性和可靠性。例如，"基于深度学习的方法"，"在工业环境中还没有很好地兑现其前景"。[29]这些技术需要大量数据，而这些数据在工厂中很难获取；这些技术往往比较脆弱，难以适应新的情况，而且对原始数据来源和环境变化非常敏感。

自动导向搬运车（AGV）已在物料运输（如上文讨论的仓储）行业中产生影响。这些移动机器人可以在生产环境中搬运从小型手提箱到大型车辆的各类物品。未来的愿景包括由自动导向搬运车上的产品经各类自组装工作站构成的非固定生产线，其中的工作站本身就是由自动导向搬运车和机械臂组成的。但是，由于自动导向搬运车无法以生产操作所需的毫米级精度进行导航等，这一愿景尚未实现。

更好的界面使编程更容易，推动机器人系统的应用更贴近生产线，增加灵活性和降低成本。但是，由于机器人系统仍然难以编程，且价格昂贵，沙阿的团队发现，它们基本上仍然是工厂车间里的技术孤岛,而不是人工智能驱动的集成式数字海洋的一部分。他们的结论是,即使在根基深厚的德国,"这些技术也尚未渗透到工业领域"。

沙阿还发现了特别小组的其他研究指出的一个发展瓶颈:机器人不够灵巧。直到最近,机器人还在使用传统形式的两指钳子或单一用途的工具,这些工具可以拾取物体,但有可能损坏柔性或不一致的材料。最近,由机器视觉引导的专用自动机械手可以完成非常精细和精确的工作,例如在自动烘焙生产线上抓取有涂层的甜甜圈,而不会弄破闪亮的涂层。但这样的夹具可能只能夹起甜甜圈,而无法夹起一簇芦笋或一个汽车轮胎。

当今的机械手抓取系统发展迅速,能够抓取的产品和部件种类越来越多,但人们仍在寻找一种能在任何方向抓取任意产品的通用机械手。深度学习和其他人工智能技术在这方面发挥了助力(而且它们正在物流行业产生影响)。不过,尽管获得了投资且前景看好,但大多数人工智能技术对制造业务(manufacturing operation)而言仍过于脆弱,过于复杂,或过于缓慢。广义的机器人灵巧性问题可能和驾驶一样,是寻找 AGI 的另一个例子。制造和配送领域的主要企业告诉我们,这个问题还需要十年或更长时间才能解决。

这些发现很大程度上与特别小组研究咨询委员会成员苏珊·黑尔珀领导的麻省理工学院研究小组的结论相吻合。黑尔珀及其同事采访了美国许多大企业,主要是汽车公司及其一级(主要)供应商。[30]研究集中在汽车行业,是因为美国(乃至全球)大约

40%的机器人都在这个行业。㉛虽然该行业的企业正努力向数据密集型和分析型制造转变，但企业内部以及企业和供应商之间的信息依然是独立的。与早期的大规模生产或精益生产范式不同，工业4.0时代仍处于实验和试点阶段，还没有"一套连贯、可重复的组织实践或人工制品来证明生产率的大幅提高"。㉜研究人员观察到，工业4.0技术主要是"对现有实践的附加补充，而不是对生产系统的全面改造"，通常从识别生产系统的"痛点"开始，并在此基础上进一步发展。

然而，重大变革正在发生。无论是生产传统汽车还是包含更多电动或自动驾驶成分的汽车，抑或使用增材制造技术生产新零件，企业都在尝试采用可灵活适应的技术和生产系统。总的来说，数字化尝试旨在提高从上游设计阶段到车间本身的制造周期的效率，并减少周期中每个环节的浪费。由于这些市场的不确定性，企业都在强调灵活性。与沙阿对德国的研究发现一样，黑尔珀的研究小组也发现，工人仍然是企业生产流程的核心。然而，企业在如何使用技术方面有着不同的做法，这影响了哪些技术可以替代或补充工人技能，哪些技术可能是引发组织冲突的原因。在某个案例中，一家公司的数据科学家开发了某种算法，来确定何时应该更换冷却风机；技术人员却对要求他们遵循算法、放弃自由裁量权的程序持抵制态度。然而，当预测出风机何时需要维护的准确率达到95%时，技术人员接受了这项技术，并意识到他们不需要像以前那样经常"救火"。在另一些案例中，企业增添或加重了车间工人解决问题的任务。某家公司引进了机器视觉系统，起初报告缺陷急剧增加。由于工人在统计过程控制方面的经验和培训，他们能够迅速指出许多缺陷是机器视觉系统误报的。他们与工程师一起确定了如何重新定位视觉系统，以获得更好的效果。

许多公司表示，它们理想中的员工队伍应将年长、经验丰富的员工在该领域的实践知识与较新、较年轻员工精通的技术知识结合起来。这些公司正在围绕这一目标组织团队和培训。一些企业投入大量资源提升员工技能，并开发为个人量身定制的精细化培训模块，帮助老员工提高技能，让新员工掌握特定领域的实践知识。这些大公司利用外部机构（如社区学院）进行培训的程度存在很大不同。

重新思考生产系统，将信息技术与运营技术结合起来，并生成大量实时数据，这既是技术方面的挑战，也是认知、社会和组织方面的挑战。一家一级供应商的北美业务经理说："最复杂的不是设备或技术，而是人们的价值观。我们的维修人员喜欢身着工服飞奔到车间来修理设备。他们会说工作就是修理东西，但我觉得更好的工作是防止东西损坏！"预测性分析就是用来实现这一目标的。但是，落实这种看似常识的想法并不简单。如果主管看不到技术人员解决紧急问题，他们可能会觉得技术人员没有努力工作；如果需要解决的紧急问题减少，技术人员可能会担心自己的工作不保。企业需要调整激励机制，以确保工人始终重视努力工作。最终，关于如何使用、解释和共享数据的决定会影响工人如何融入未来的工厂，以及工作岗位是降低技能还是提升技能。正如本研究的其他方面一样，管理实践在塑造技术采用方式上至关重要。

"令人意外的发现是并非到处都是机器人"：中小企业

沙阿的研究团队关注德国的机器人制造商和相对前沿的公司，黑尔珀的团队则关注美国的大型汽车相关公司，这些公司多年来一直在生产中使用机器人技术。工作组成员苏珊娜·伯杰带领团队研究美国制造业，尤其关注中小型制造企业。伯杰曾于2013年领导麻省理工学院的"创新经济中的生产"研究，她的研究借鉴了数十年来在美国、中国、日本和欧盟的研究成果。

美国的一些企业，包括汽车工厂和亚马逊的仓库，在使用先进自动化技术方面进展顺利。但伯杰团队的研究人员发现，一些大公司的自动化程度和中小企业之间存在显著差距。[33]

研究团队走访了俄亥俄州、马萨诸塞州和亚利桑那州的44家美国公司，其中10家是大型跨国公司，34家是中小企业。中小企业是指员工数少于500人的公司，它们占美国所有制造业企业的98%，雇用全美43%的制造业工人。研究小组研究的公司中，有一半以上曾参加过2013年的研究，因此可以对不同时期的变化进行一些分析。

与其他发达工业化国家相比，美国制造业的生产率在过去几十年中增长缓慢，中小型制造业企业的增长速度甚至更慢。如果我们想加快经济增长，转向"绿色"生产，或提高工资，伯杰团队的研究强调，我们需要了解中小企业为何、何时以及如何获取新技术并培训工人掌握新技能。研究人员询问了每家公司在过去五年中采用新技术的情况，他们如何找到操作设备的技能，以及当新技术与以往截然不同而需要新的操作人员来完成任务时，原来从事这项工作的工人将何去何从。

该团队的报告表示："我们读过一些文献，预测在 5~10 年里，将有一大批机器人取代工人。所以，当发现很多地方实际上机器人数量不多时，我们非常惊讶。"他们发现采用机器人最多的公司是一家俄亥俄州的公司，他们曾于 2010 年首次访问这家公司，该公司后来被一家日本公司收购。现在，这家公司有一百多台机器人，而员工人数增加了一倍多。研究团队发现，在他们研究的俄亥俄州所有其他中小企业中，过去五年只购买了一台机器人，马萨诸塞州的中小企业购买了一台，亚利桑那州的购买了三台。

同样重要的是，这些中小企业的经理给出了机器人稀缺的原因。有几家企业表示，他们希望能够购买机器人，但他们接到的订单一般规模不大，很少有购买的理由。中小企业大多是多品种、小批量的生产商。机器人仍不够灵活，无法以合理的成本从一项任务切换到另一项任务。据沙阿报告，机器人价格占总成本的 25% 左右。[34] 其余的就是编程和集成到工作单元或流程中的成本。

然而，所有被研究的公司在过去五年里都购买了新设备或软件，包括数控机床、新焊接技术、激光和水刀切割机以及传感器。他们还购买了计算机辅助设计（CAD）、数据分析甚至区块链软件。它们采集了有关生产流程的数据，不过，与受访的大公司管理人员一样，中小企业的经理们表示，他们不知道如何处理收集到的大部分数据。

第三章 技术和创新　089

小企业倾向于逐步实现自动化，在这里或那里增加一台机器，而不是安装购买和集成成本更高的全新系统。这种方法最大限度地减少了对工人的干扰，同时普遍提高了工厂的生产率。[35]

通常情况下，技术采购意味着用新的硬件和软件改造现有的机器，而不是购买新的机器。这种做法导致了技术分层，新旧设备同时使用，有些旧设备可以追溯到20世纪40年代。这可能是中小企业获取新技术通常不会导致裁员的原因之一。没有新设备操作技能的年长工人继续使用旧机器，而对最新技术感到兴奋的年轻工人可能不愿意投入时间学习操作旧设备。研究人员在2013年和2019年访问的公司在此期间都增加了员工数量，没有公司报告因引进新技术而裁员。

即使对于一些受访的大公司来说，如今的自动化既是为了提高质量，也是为了节约劳动力。波士顿一家工厂的经理认为，他们的目标不是"熄灯"，而是"调暗灯光"，也就是说，不再让工人在装配线上操作，而是让他们在车间里分析屏幕上的生产统计数据。不过研究人员指出，在过去20年里，该工厂的工人数量减少了50%。

客户的新订单和新生产需求推动了中小企业引进新技术。新技术又推动了对新技能和培训的需求。当研究人员询问经理们对新员工的要求时，最常见的回答是："能按时到岗并留下的人。"许多管理人员对社区学院和他们希望填补的其他工作项目的价值深表怀疑。只有当先进技术进入车间时，他们才开始寻找技能人才。"最佳雇员"应该是以前做过同样工作的人，但这样的人很少，至少在经理愿意支付的工资水平上是如此。因此，经理们通常会求助于他们已经雇用的年轻员工或更有进取心的员工，询问他们能否弄懂如何使用新的软件或硬件。工人们通常求助于在线视频。一位工人在网上学习如何掌握一套新的 CAD/CAM（计算机辅助设计与制造）软件，以便在新的数控机床上工作，他说："技术向前迈出一步，工人也就向前迈出一步，人与软件一起成长。"

鉴于上述原因，一条既能提高生产率又能改善就业的光明之路，首先是帮助中小企业采用先进制造技术。目前，与中小企业合作的最大的全国性项目是制造业扩展合作伙伴关系（Manufacturing Extension Partnership，MEP），其重点是改进"精益"制造实践；还有美国制造研究所，它主要与大型制造企业合作，支持和推广应用式研发。新的计划和政策杠杆可以推动中小企业的技术应用和技能发展，而中小企业仍然是美国制造业的重要支柱。

尽管标准化大规模生产在 20 世纪兴起，但今天的制造业仍然是一个高度动态变化的环境。模式的变化、技术的发展、供应链的转移，甚至英国脱欧和疫情等动荡，都意味着 21 世纪的制造业是在不断变化的环境中运行的，即使稳定的、高度标准化的产品也不例外。前一天安装在底盘上的橡胶垫圈，第二天更换供应商后，其安装方式可能就不一样了。在大多数变量固定、操作高度标准化的情况下，机器人和自动化仍能发挥最佳作用，而人类工人仍是适应不断变化条件的关键。新的人工智能和基于机器学习的机器人技术、新的传感器和执行器，以及新的软件正在使这些机器更加灵活，但仍然处于漫长演变的早期阶段。

即将出现的重要技术：快速成型技术

在技术应用周期的另一端是增材制造，俗称3D（三维）打印。3D打印技术发展迅速，可能成为未来最具颠覆性的制造技术。使用一台机器制作复杂的成品部件有可能取代大量的生产工作。航空航天工程师现在使用3D打印制造检测工具和汽车零部件，其他制造商也在机器上制造原型和固定装置。这些机器正在普及，但它们的使用仍然有限，而且主要集中在内部技术预算充足的大公司。

在过去十年里，3D打印因其对制造业和供应链的潜在影响而引起了广泛关注。传统上，3D打印并不属于机器人范畴，但我们可以把它看作一种桌面机器人，它将硬件、材料和软件结合在一起，以全新的方式制造物品。这些机器已成为"制造者"的消费品，并引起了工业界的强烈兴趣。在使用现场生产原型、部件甚至全新产品的能力具有深远意义。供应链的数字化可以延伸到采购点和部署点。生产可以分配到数字仓库，按需生产零部件。梅赛德斯-奔驰等公司已经使用这种技术为传统车辆打印备用部件。

增材制造区别于减材制造，如机械加工，后者是用切削工具从钢块等原始材料中减去材料。在增材制造中，材料是由计算机控制的铺放头（placement head）以小增量铺设的。我们熟悉的消费级桌面3D打印可以打印彩色塑料和小型零部件，而如今的快速成型机器则可以打印从纳米级到大型结构件或金属部件，使用的材料从高精度聚合物到航空航天级钛。

增材制造技术的威力不仅在于制造的瞬间，还在于它能深入设计的上游和供应链的下游。减材制造必须遵守切削工具的规则，增材制造则颠覆了成本和复杂性之间的传统权衡，为设计师实现复杂形状提供了更大的自由度。它还为人工智能"生成式设计"技术打开了大门，人工智能可以设计原型，然后由增材制造技术建造原型，由工程师进行测试，这些原型可以以全新的方式优化零件的成本、重量或强度。专家预计，增材制造技术将补充而非取代减材制造，并对产品的设计、制造和上市方式产生深远影响。

特别小组成员、增材制造领域的权威专家约翰·哈特（John Hart）写道："如果不是因为利用增材制造技术将数字信息快速转换为物理形式，实现大规模定制是不可想象的。"哈特和他的团队对增材制造技术的传播进行了研究，得出的结论是，增材制造技术最终将使公司能够毫不费力地满足不断变化的需求。㊾增材制造技术还能为新业务开辟道路，而如果没有这种工具，新业务是不可能存在的。例如，Align Technology 公司的产品隐适美（Invisalign）可以根据患者的口腔扫描结果定制正畸保持器。

可配置的生产资产，包括增材制造系统，可使企业在不确定时期做出快速反应，在必要时调整其生产活动。例如，在新冠疫情期间，各增材制造企业迅速利用现有的生产基础设施和预认证的医疗级材料生产鼻咽拭子。这些拭子对病毒测试至关重要，但在危机初期却严重短缺。该项目由哈佛大学和麻省理工学院的教师发起，并与Desktop Metal、Formlabs、Carbon等公司合作，在启动后的几周内，每周就能生产数百万个拭子。

然而，由于成本高昂（尽管在不断下降）和缺乏通用标准（可能需要数年时间才能制定），增材制造技术的大规模应用及其对就业的潜在影响都比较缓慢。基于增材制造的系统仍然不具备大规模生产所需的高速度或低成本，而这种大规模生产在减材制造领域已经发展了一个多世纪。组装部件的材料特性可能缺乏可预测性，而减材技术已经可以为关键部件提供可预测性。增材制造设计、测试和材料的标准都还暂付阙如。而且，具有讽刺意味的是，从我们对工作流失问题的讨论来看，该行业的发展目前受限于受过增材制造技术培训的专业人才不足。随着时间的推移，从高速增材制造型生产设备的创新到新的培训渠道限制都将得到解决。

因此，与其他领域一样，我们看到采用智能培训策略使工厂工人轻松胜任新角色的机会。制造商需要的工人队伍可能会缩小，但剩下的工人需要接受专业培训，才能操作新机器。

在昆兰（Quinlan）和哈特的研究中，俄亥俄州一家小工厂的老板预测，他可以在大约十年内完全转向新技术，如果他的产量保持不变，这将会减少许多工作岗位。但他也相信，与竞争对手相比，自己的生产率会越来越高，因此员工数量也可能会增加。这究竟意味着更多的行业工作岗位，还是仅仅意味着该公司的工作岗位增加，而竞争对手的工作岗位减少，取决于客户需求对质量提高和成本降低的反应。[50]

巨大的影响正逐步显现

正如早期的重大技术进步，如可互换零部件、流水线和互联网连接，需要数年才能普及一样，在整个经济中推广当今的先进技术也需要时间。互联网、移动和云计算以及 20 世纪 90 年代和更早期其他创新技术的引入产生的深远影响仍在继续。人工智能、机器学习、机器人技术和增材制造技术确实有望改变经济，而这些变革将是管理者、组织和商业模式的数千项创新的结晶。

第二篇

第四章

教育和培训：找到好工作的路径

创新技术一直在改变各行各业的工作性质。事实上，正如前一章所述，美国在过去40年中并不缺乏创新。发明完成既有工作的方法、新的商业模式和全新的行业，推动了生产力的提高和新工作岗位的产生。但是，如果缺乏政策补充和改革，仅靠技术创新无法产生广泛共享的收益。同样重要的是投资于教育和培训本国劳动力，确保工人拥有技能和机会，以填补有需求的工作岗位。对工人进行培训可以使那些可能面临就业障碍的工人有更多机会获得好工作。培训还可以创造职业晋升的机会，帮助提高现有工作的质量。本章回顾了教育和培训机构在创造和塑造未来工作中发挥的关键作用，并特别强调了针对成年工人技能发展的创新性新方法。

每个社会都通过反映社会契约的制度网络来发展和支持其劳动力。例如，在欧洲国家，这个网络往往紧密相连。雇主们不仅相互合作，还与政府和教育机构合作，通过课堂和干中学培训工人。

美国人常常认为欧洲模式僵化且成本高昂。相比之下，美国模式是分散化的。州和联邦机构在协调劳动力发展方面做得很少。各公司激烈争夺而不是联合起来培养技能工人。这些制度特点为寻求培训的工人创造了一个质量不确定且复杂的选择环境。同时，这种安排有利于竞争和创造性破坏，使工人能够在人生的不同阶段灵活地进出各种教育和培训计划。尽管美国的系统是分散的，但仍有很多机会利用其现有的制度建立一个更加稳定、更具支持性和创新性的劳动力发展系统。它可能会保留现有系统的大部分分散特征，但这并不妨碍改革和加强现有制度，以便更好地为大多数工人服务。

教育和培训的回报

虽然从幼儿园到高中（K–12）的教育对培养一支受过教育的高效劳动力队伍至关重要，但我们在本书中重点讨论的是成人教育和培训，尤其是那些工作可能更容易受到自动化影响的工人。这些工人通常包括（但不限于）那些从事低工资工作的人、其教育经历包括非四年制学位的人，以及在职业生涯中被淘汰的人。为这些工人创造机会，既需要投资于现有的教育和培训机构，也需要创造性地建立新的培训机制，以使持续的技能发展易于获得、具有吸引力且性价比高。

成人技能培训系统的直接目标是帮助工人适应不断变化的劳动力市场。该系统包括雇主、社区学院、工会和公共培训计划。它还包括创新性的线上和线下新场所，为工人进入就业市场做好准备。在这些培训类别中，培训的质量差异很大，对工人的培训效果也相应存在差异。培训系统的这种异质性和复杂性有明显的缺点，但也意味着美国工人在整个成年期可以在多个地方获得培训和教育。这种灵活性在较为集中的欧洲培训系统中是罕见的。

在回顾我们对美国当前教育和培训系统的了解之前，不妨回顾一下近几十年来美国劳动力市场上不同教育水平的回报情况。

正如第二章简要概述的，正在发生的机器替代人类日常劳动的进程对受过教育的工人的技能形成补充，这些工人善于利用解决问题的能力、直觉、创造力和说服力来完成目前难以自动化但必不可少的抽象任务。与此同时，它也使另一些工人的技能贬值，这些工人通常没有受过高等教育，从事的是与机器直接竞争的常规密集型活动（routine-intensive activity）。这些力量的最终结果是进一步提高对正规教育、专业技术和认知能力的需求。

1981年，美国大学毕业生的平均周薪比高中毕业生高出48%，虽然差距很大，但并不是收入鸿沟（见图2.2）。越战结束后，大学入学率下降，这意味着就在几年后，即20世纪70年代末和80年代初，进入劳动力市场的新大学毕业生也减少了。由于几十年来对大学毕业生的需求一直在上升，这就导致大学毕业生，尤其是最稀缺的年轻大学毕业生的市场工资迅速上升。从1982年以来，工资溢价逐年快速上升，1990年达到72%，2000年为90%，2005年为97%。[1]因此，1982年大学毕业生的平均收入是高中毕业生的1.5倍，而到2005年则是高中毕业生的2倍。自那时起，这些差距基本保持稳定。[2]即使考虑不断上涨的大学学费，在1965—2008年，相对于高中学位，男性和女性大学学位的预期净现值增加了约3倍，其中在20世纪80年代和90年代的增长速度最快。③当然，对于从这些描述性统计数据中推断因果关系，应该保持谨慎。也许这些收入差距反映的是获得和未获得大学学位的学生在收入潜力方面的差异，而不是大学学位本身的附加值。然而，研究表明，对比那些成绩不相上下的学生，有的被大学录取，有的没被录取，上大学的学生有很高的收入回报。④

正如图2.2所示（图中标注为"大学学历"），在过去40年中，四年制大学学位的回报大幅增加，而两年制大学学位的工人却没有同等获益。⑤尽管如此，受过非学士学位大学教育的工人要比没有高中文凭的工人或有高中文凭但没有受过大学教育的工人好得多。此外，各种证据表明，两年制学位的平均收益是可观的，尤其是相对于其低廉的实付成本和（相对）有限的时间投入而言。

如果学生在社区学院获得了学位或毕业证书，回报率一般都比较高。虽然没有针对标准学位或毕业证书课程的随机对照试验，但复杂的固定效应模型——有时使用调查数据，有时使用行政数据——支持这一结论。例如，一项利用六个州的行政数据所做的评估发现，与进入大学但没有获得文科副学士（AA）学位的学生相比，获得文科副学士学位的学生收入可以提高4 640~7 160美元。⑥据报告，获得毕业证书也可带来较小但积极的成果。一项关于加利福尼亚社区学院职业技术教育（CTE）的研究报告称，获得毕业证书的学生收入提高了14%~28%，其他研究也得出了类似的结论。⑦

当然，社区学院的文凭种类繁多，可能包括两年制学位、各种专业毕业证以及特定技能证书。⑧这种供给的多样性导致社区学院的文凭在回报上存在巨大差异。安·赫夫·史蒂文斯（Ann Huff Stevens）、迈克尔·库兰德（Michal Kurlaender）、米歇尔·格罗斯（Michel Grosz）估计，职业技术教育证书和学位的回报率从14%到45%不等，其中医疗保健课程的回报率最高，非医疗保健课程的回报率较低，为15%~23%。[9]这些研究结果充分表明，社区学院的文凭在大多数情况下并不是类似于通识教育的所谓一般技能培训，而是针对特定职业机会的特定能力培训。因此，获得这些文凭的"回报"很大程度上取决于由此能进入的职业的平均收入水平。由于许多医疗保健类职业的收入相对较高，因此医疗保健类文凭往往有较高的回报率。

行业培训计划

几十年来，直接解决雇主技能需求与劳动力培训不匹配问题的重要模式之一，就是以行业为重点的培训计划，也被称为行业就业计划，是为求职者在特定行业和职业集群中获得高质量就业而提供的培训。之所以选择特定行业，如医疗保健、信息技术、制造业，是因为当地劳动力市场有相应的需求，且有长期的职业前景。最早的行业就业计划产生于20世纪80年代，由社区组织主导。在社区学院和劳动力市场中介机构等提供者主导的一系列不同的培训和教育计划中，可以找到行业就业计划的核心要素。对这些计划进行大量、严格的长期评估，为我们提供了关于如何帮助包括青年和失业老人在内的弱势成年人找到稳定持久的有薪工作的最佳见解。

以行业为基础的综合方法显示，参与者在完成约一年的培训后，收入会增加14%~39%，在参与计划后的3~9年内，收入会持续增加。这一结果基于哈佛大学的劳伦斯·卡茨（Lawrence Katz）及其合作者的一项研究。该研究针对不同劳动力发展提供商和地区的8个不同行业重点培训计划（包括Year Up、Per Scholas、Jewish Vocational Services、Wisconsin Regional Training Partnership 和 Project Quest）进行了四项随机对照试验。[10]这种收入增加不是因为工作时间延长或就业率提高，而是因为在目标部门从事高薪工作。

这些计划有几个使其获得成功的特点。它们与雇主建立了密切联系，包括筛选、职业准备技能（career readiness skill）培训、职业技能培训、就业安置、配套支持和后续支持。这种模式满足了那些不一定能在传统学校环境中茁壮成长的个人以及下岗工人对培训和教育的需求。培训计划通常持续不到6个月。这些计划要求对每个参与者投入大量资金，从4 500美元到10 500美元不等。但是，事实表明，与参与者在3~9年后的收入增加相比，这些计划物超所值。下面我们将详细介绍这些计划的一些重要方面。

筛选　密集筛选过程可长达7天，并有不同的要求。例如，通过筛选可以识别有兴趣在特定行业长期就业并具备成功所需的基本技能（如识字和数学，有时还需要高中文凭或普通教育证书）的参与者。虽然这些人通常有很高的积极性，但不具备传统的中学及以上学历，在参加计划前就已处于失业或就业不足状态。

职业准备技能培训与服务　职业准备技能通常被称为"软技

能"或"社交技能"。各组织就时间管理和沟通等主题与参与者开展合作。在当今就业市场，这些技能被认为与特定职业技能同等重要，甚至可能更重要。由于技术越来越多地执行许多工作任务中正规的程序部分，判断、协作和解决问题的技能就显得更具价值。[11]

职业技能培训 职业技能培训是帮助个人在有吸引力的行业成功获得高薪工作的必要组成部分。培训的主要特点包括以高薪行业为目标，并获得行业认可的证书。这些计划帮助参与者发展经过认证的可迁移技能，填补雇主因激励差异而无法自行组织此类培训的空白。

就业安置 行业培训计划通常会与特定的雇主合作，量身定制培训计划，确保参与者做好准备，满足雇主的需求。除技能培训之外，这些计划还有一个就业安置机构，可从现有的牢固关系中获益。这类中介机构可以降低新培训员工的入职成本，并帮助员工应对过渡期出现的任何挑战。此外，行业培训计划还能消除求职者因缺乏社会资本、工作推荐（job referral）网络有限或者雇主不愿将目光投向传统求职者而面临的入职障碍。

配套支持 配套支持是指培训计划通过一些方式来帮助参与者应对可能影响其工作能力的挑战。此类支持可能包括交通、托儿或意外紧急情况方面的援助。

后续支持 各组织认识到，入职前的 30~60 天是至关重要的，因此会定期与参与者进行个人交流，为他们在新工作中提供支持。此外，参与者还将接受辅导，了解如何考虑晋升自己的职位。

在这些计划的各个方面，通过职业技能培训能够获得行业认可的文凭，而符合特定行业雇主需求的职业技能培训是关键所在。行业培训计划提供了重要的桥梁，帮助劳动力市场中一些无经济保障的人在收入较高且有发展机会的行业中找到并保住工作。

在这些行业培训计划中，有许多或者其中的一些要素是由一系列提供成人培训和教育的场所和机构来实施的，通常由美国联邦政府 2014 年的《劳动力创新和机会法案》（WIOA）提供资金支持。近年来，提供此类培训计划的机构进行了大量创新和实验。在接下来的各节中，我们将重点介绍目前构成美国成人教育和培训系统的一些重要机构和计划，并在很大程度上引用了特别小组成员保罗·奥斯特曼（Paul Osterman）的研究成果。[12]展望未来，在未来的几十年里，识别并推广其中的成功经验，对美国的社会和经济福祉将变得更加重要，而不是相反。

公共和非营利培训计划

社区学院和中介机构

美国培训生态系统的关键是约 1 100 所社区学院。作为美国主要的培训机构，社区学院每年招收近 700 万名学生学习学分课程，其中 46% 的学生年龄超过 22 岁，64% 的学生为非全日制学生。这些超龄学生中的大多数都在学习职业课程。此外，还有 500 万人参加非学分课程。虽然对非学分课程的跟踪较少，但大多数非学分课程是职业性的，而且参加者都是非全日制上课的成年人。在修读学分课程的社区学院学生中，少数族裔、低收入和第一代大学生的比例过高。社区学院扮演着多重角色。约有30%的学生转入四年制学校，其余的学分制学生则获得两年制学位或证书。社区学院还帮助雇主培训在职员工，并成为致力于吸引新企业的区域经济发展战略的一部分。

如前所述，经济研究表明，从社区学院获得的学位和证书往往能带来更高的就业率和收入。[13]但是，社区学院要发挥其潜力，就必须帮助更多的学生完成学业并获得学位。在这些学校就读的学生中，只有不到40%的学生能在六年内完成学业，获得任何机构颁发的证书或学位。在许多情况下，社区学院的学生要兼顾课业和作为成人的责任，如全职工作或照顾孩子，这些相互冲突的需求肯定（至少是部分）解释了为什么有相当一部分注册学生没有完成学业。事实证明，为社区学院学生提供额外资金和结构，使他们能够全日制入学并完成学习计划的培训计划，在提高学位完成率方面非常有效。[14]

许多社区学院正在开发创新型的新模式和合作伙伴关系，将基于行业的培训要素纳入其课程。例如，社区学院和私人部门合作，利用各自的专长来传授所需的技术类技能。谷歌与25所社区学院合作，提供所谓的IT支持专业证书。[15]另一个例子是IBM（国际商业机器公司）于2011年启动推出的P-TECH计划，将高中、当地行业和社区学院联系起来，使学生能够在网络安全等STEM（科学、技术、工程和数学）相关领域同时获得高中文凭和两年制副学士学位。与许多行业就业计划一样，P-TECH 计划的目标群体是缺乏行业培训的学生。

　　社区学院的成功需要当地雇主的持续参与，以及公共和私人部门对劳动力发展投资的更广泛的承诺。佛罗里达州皮尔斯堡的印第安河州立学院的一个例子，让麻省理工学院的研究人员感到特别有价值。强有力的领导、区域伙伴关系以及对多样性、公平性和包容性的承诺，正在帮助该学院跟上其所在区域的经济健康增长趋势和日益多样化的人口结构，同时平衡其服务区内的城市和乡村各县的不同需求。麻省理工学院的研究人员与哥伦比亚大学教育学院的社区学院研究中心的同事一起，找到了帮助印第安河州立学院创建有效培训计划的四个因素。[16]首先，在经济发展的领导者、劳动力发展委员会、行业和学院之间建立牢固的区域合作伙伴关系。这些合作关系转化为围绕特定培训课程的合作，如与佛罗里达电力和照明公司的合作，该公司支持电子工程和核技术课程，在实验室中利用电力公司提供的设备培训技术人员，提高工程师的技能。同样，迪士尼和其他媒体公司也通过实习和展览支持学生开发数字媒体作品集。克利夫兰诊所的医疗系统也开设了两门证书课程，一门是医学信息学和医学编码，另一门是麻醉技术的长期课程，以帮助诊所的护士提高技能。其次，学院为开设这些培训课程制定了一种合作方法，让教职员工和社区成员参与评估一段时间以来的进展情况，并对人口和技术变化等问题进行展望。再次，学院利用数据帮助改进课程，根据特定的人口统计和其他特征（如种族和民族、入学状况、第一次上大学、第一代大学生）定期审查学校和课程层面的详细数据。最后，通过积极筹款，学校投资建设了最先进的设施，通过与当地社区合作，为学生的学习、技能发展和就业能力提供支持，从而使学生和整个社区受益。

美国各地的社区学院也有许多类似的例子。与劳动力市场一样，社区学院也立足于区域经济，有一套独特的机构、行业、管理委员会、国家资助政策等。然而，最近的研究向我们展示了成功项目具备的要素，并为这些项目的扩展和升级提供了前进的道路。

有一种方法似乎可以提高社区学院在校生（以及非在校生）的学习成绩，这就是所谓的中介项目（其中一些也可归类为行业培训计划）。这些中介机构是制订和实施行业培训计划的非营利组织，通常直接与雇主合作，确定技能培训，为学生从事现有工作做好准备，同时也与提供特定培训的社区学院合作。它们制订的培训计划的特点是与雇主建立密切关系（"双客户"模式），为客户提供支持服务和咨询，并在培训方面进行大量投资。[17]为了与雇主建立密切关系，中介机构的工作人员需要掌握行业和雇主需求方面的专业知识。例如，圣安东尼奥的QUEST项目与当地公司合作，确定未来的工作岗位空缺情况，然后招募低工资工人，对他们进行培训，使他们能够胜任这些岗位。参与者接受补充教育（remedial education），参加每周一次的小组会议，以激励他们的积极性，并支持其生活技能的发展。他们还可获得经济援助，以满足交通和其他需求。通过对QUEST计划[18]的严格评估（本节前面讨论的评估的一部分）发现，参与者的收入明显高于未被随机选入该计划的同等对照组成员。到第九年，该计划毕业生每年的额外收入超过 5 000 美元。另一个类似的计划是波士顿的犹太职业服务社（JVS），它帮助雇主在公司内部搭建职业阶梯，并满足他们的用人需求。犹太职业服务社与医院等当地企业建立了长期合作关系，培训低薪职位（如餐饮服务）的员工，使他们能够转移到收入较高、面向患者的工作岗位。

基于学校的职业培训和学徒制

近年来的另一个创新领域涉及高中和直接的中学后教育制度，它们在提供直接适应市场的工作技能方面可以发挥重要作用。[19]高中的职业技术教育可以纳入综合高中或专门的职业高中。近年来，职业技术教育计划的新模式层出不穷。[20]

它们的核心特点是将工作经验与传统课堂更好地结合起来。这方面的例子包括"通往繁荣之路网络"和 IBM 的 P-TECH 计划（如前所述）。另一个战略是与现有学校合作，更新传统的学徒模式，将高中课程与工作经验联系起来。工人从学徒制中受益，因为他们接受了以技能为基础的教育，为从事高薪工作做好准备，而雇主则从招聘和留住有技能劳动力中受益。[21]这方面的例子包括科罗拉多州的 CareerWise 项目、佐治亚州的青年学徒计划和丰田的 FAME 模式。

这些模式从欧洲的职业教育和培训（VET）计划中获得灵感，后者基于政府与雇主协会和工会等"社会合作伙伴"之间的牢固关系。正如特别小组成员凯瑟琳·特伦（Kathleen Thelen）及合著者克里斯蒂安·易卜生（Christian Ibsen）在分析德国和丹麦的职业教育和培训计划时发现的，这些计划支持了国家的目标，即为私人部门培养一支技能劳动力队伍，并使更多与劳动力市场脱节的人融入其中，不过德国和丹麦的案例说明了在实现这两个目标方面存在权衡取舍。[22]对这类课程的合理批评是，它们将学生在中学毕业后的学校教育（通常是按照阶级划分）分为职业或学术两个方向，两者不能相互渗透。职业教育和培训计划侧重于中等技能职业（如电工、护士、技师），提供2~4年的培训，包括工作场所学习和课堂理论教学。这些计划有四个显著特点：（1）职业教育和培训发生在企业赞助的培训中（包括相关的课堂培训）；（2）这些计划高度依赖私人部门接收学徒并支付其培训费用；（3）企业必须在由行业、政府和劳工代表组成的委员会确定的技能和能力方面进行广泛而非狭隘的培训；以及（4）国家确定的标准有助于确保内容和质量的一致性。通过"有利约束"鼓励企业参与此类计划，从而激励企业从更长远的角度投资于培训和更广泛的工人。这些制约因素蕴含在国家的"制度生态系统"中，包括劳资关系制度（部门或国家层面的工会集体谈判）、强有力的就业保护以及支持工人参与企业的制度。

虽然这些计划是欧洲国家特有的，并不容易移植到高度分散化和个人主义（而不是集体主义）的美国环境中，但随着学徒计划在美国的扩展，它们是值得研究的。事实上，职业教育和培训模式近年来激发了美国对学徒计划的大量投资。联邦和州层面的资金投入使学徒数量在 2019 年增加了 50%，达到 60 多万人。[23]虽然与欧洲的项目相比，学徒制的数量仍然微不足道，但学徒制的创新和实验正在产生成功的模式和最佳实践，这些模式和实践正在扩展到手工业和制造业等传统的学徒制领域之外。

近年来，美国南卡罗来纳州的一种模式获得了高度评价。通过重点加强劳动力培训战略，该州目前在技术学院层面拥有被认为是全美最成功的学徒计划之一，现在又在查尔斯顿开设了从高中开始的青年学徒计划。该州的"卡罗来纳学徒"计划成立于 2007 年，目前已经在各县发展了 30 000 多名注册学徒，且该州所有 16 所两年制技术学院都参与其中。这一举措使南卡罗来纳州能够免费帮助雇主填写美国劳工部学徒资格认证文件，并使各种地方学徒计划正规化。该计划受到了大小公司的欢迎，包括南卡罗来纳州的众多德国公司。

在查尔斯顿市，高中学徒计划于 2014 年由 6 家寻求技术工人的小型雇主发起。它由雇主、该地区的技术学院和商会合作组成。州政府为参与该计划的公司提供 1 000 美元的税收抵免，商会和州政府计划向技术学院支付学费。雇主支付学生学徒（student apprentices）的工资，学生学徒既要学习高中的数学和科学课程，又要完成技术学院的课程作业，同时还要在暑期从事兼职工作。企业可自行选择学徒，其年龄从 16 岁到 18 岁不等，学生可获得两年制副学士学位约一年的学分。自项目启动以来，参与的雇主共花费了 500 万美元，其中大部分费用由小雇主承担，尽管包括波音和博世在内的本市最大雇主后来也加入其中。截至2018年,该计划共有94名学生注册,232名前学徒被发起学徒计划的企业雇用。[24]

另一个在城市层面开展公私合作培训的例子来自底特律。近年来,底特律一直在增加汽车行业的就业机会,但不是工厂的装配工作,而是工程和设计工作。2019年2月,菲亚特克莱斯勒汽车公司(FCA)宣布与该州和该市达成协议,将改建一家旧发动机厂,并更新一家旧装配厂,以生产新的吉普车。[25]菲亚特克莱斯勒邀请该市名为"底特律工作"(Detroit at Work)的劳动力管理机构招募5 000名工人,并承诺将首先考虑全美汽车工人联合会(UAW)成员和底特律居民的工作机会。截至2020年10月,已有16 000多名底特律人通过了筛选,10 000多人完成了申请,5 000多人被邀请参加面试。菲亚特克莱斯勒已经向底特律居民提供了4 100份工作邀约。

州政府和底特律市为菲亚特克莱斯勒提供了重要的一揽子激励措施,包括在旧工厂附近购置200英亩*土地,用于工厂的更新和扩建。菲亚特克莱斯勒还得到了财产税减免承诺。这项招聘交易曾引发争议,至今仍受到一些质疑。"底特律工作"负责为底特律居民提供新的装配线岗位,并将底特律打造成制造业人才的首选之地。对于领导这项工作的人来说,菲亚特克莱斯勒、市政府和"底特律工作"之间的合作表明,底特律的人才招聘模式

---

* 英亩,英美制面积单位,1英亩约为4 046.86平方米。——编者注

是可以取得成功的。

底特律的求职者可以获得广泛的支持服务，包括文件审查、常见制造业实践的实操培训、数学辅导、面试练习和交通援助。就业服务局和一站式服务机构在整个过程中发挥了关键作用。该协议还要求菲亚特克莱斯勒提供信息，以便开展有效的招聘和预选工作。菲亚特克莱斯勒和"底特律工作"花了一年时间了解彼此的系统，以确定并培养一支能够匹配菲亚特克莱斯勒的岗位的员工队伍。菲亚特克莱斯勒还就进一步提高公司和整个城市的技能做出了其他承诺，进一步扩大合作范围。

菲亚特克莱斯勒的大部分新工作都是装配线岗位，起薪约为每小时 17 美元。这种工作通常是重复性的，对体力有一定的挑战。但这些工作可以享受工会和雇主提供的福利。提交的大量申请表明，这些岗位很有吸引力。

失业人员

上文关于社区学院、中介机构和职业培训机构的例子代表了为大多数没有获得四年制学位的成年人开辟职业通道的成功模式。许多经过实验验证的培训项目都能有效地帮助低工资工人和相对年轻的成年人攀登职业阶梯。但是，对于因贸易、技术变革甚至新冠疫情而失去工作的中年雇员来说，什么才是有效的培训项目，人们的认识要薄弱得多。对中老年员工进行再培训的大多数经验来自《劳动力创新和机会法案》资助的培训计划，以及由另一个贸易调整援助计划（简称 TAA）资助的培训计划，该计划面向因贸易而失业的工人。对这些计划的评估结果喜忧参半：一项关于贸易援助调整计划的研究表明，近 75% 的参与者找到了工作，但根据年龄不同，收入替代率为 75%～85%。其他与社区学院合作的设计良好、管理完善的计划（作为 TAA 社区学院和职业培训计划的一部分）报告了显著的正就业收益。[26]要了解如何最好地服务下岗工人，尤其是受教育程度低的工人，还有很多工作要做。这些工人面临着巨大的障碍，包括他们如何看待培训以及在获得培训方面面临的挑战。[27]毫无疑问，新冠疫情将为努力帮助这些工人创造充足的机会，相应地，美国应该致力于制订能提供良好方法的培训计划，并严格评估这些计划。

私人部门对培训的投资

培训计划成功的关键因素之一是与私人部门密切合作，因此，我们有理由询问私人部门在培训美国的劳动力方面发挥了哪些作用。事实证明，这是一个难以回答的问题，因为关于企业培训的数据很少。我们目前的理解大多基于逸事和至少 10～15 年前的调查。我们知道，雇主不愿意对工人的通用可迁移技能进行大量前期投资，是因为工人可能会将这些技能带到另一个雇主那里，以赚取更高的工资。尽管如此，在新冠疫情之前，当许多公司看到劳动力市场在可预见的未来仍将紧缺时，大型企业投资内部培训项目，为工人提供技能提升机会的例子不胜枚举。例如，IBM 在全公司范围内安装了一套设备,利用人工智能向员工推荐个性化的学习内容,员工每年至少要花 40 个小时接受培训和职业发展。培训面向公司各个级别的所有员工,2019 年受训人员参加培训的时间中位数是 52 个小时。[28]另一个例子是,2019 年亚马逊承诺,至 2025 年,将出资 7 亿美元,为 10 万名员工(约占当时亚马逊美国员工总数的三分之一)提供培训项目。其中包括针对仓库工人的职业选择计划,该计划为入职至少一年的员工提供公司以外的增长性行业(IT、医疗保健)的现场教育和培训。

  然而,这些逸事并不能让我们全面了解企业培训的情况。为了填补这一空白,保罗·奥斯特曼在全美范围内对雇主提供的培训和参与培训的工人进行了调查[29],从中我们可以了解成年人是如何获得技能的,私人部门又在其中扮演什么角色。在大约有 3 700 名 24~64 岁成人受访对象的代表性调查中,约有一半的受访者表示,在过去一年中接受过雇主提供的培训,约 20% 的人自己参加过某种形式的培训,其中在线培训的比例相对较高(约占四分之三)。处在工资和技能分布低端的工人接受的培训较少。调查还发现,在获得雇主提供的培训方面,种族和民族之间存在巨大差异。即使在全面控制了个人特征、雇主特征和工作技能要求后,这些差距依然存在。[30]虽然很难断定近一半的工作人口在前一年没有接受过任何培训是不是一个问题,但雇主在培训投资方面存在巨大的种族和民族差异肯定是个问题。这些调查结果表明,公共政策、政府资助的培训项目和非营利组织在技能提升机会的平等化方面可以发挥重要作用。

未来推进的关键领域：筹资、区域政策和创新

虽然美国缺乏牢固的社会契约来推动不同利益相关方在技能培训体系方面进行合作，但它可以为提供大规模优质培训奠定更坚实的基础。在此，我们着重强调未来需要推进的三个方面：筹资、区域承诺和创新。

筹资

教育和培训计划面临的支持力度全面下滑，而这恰恰与工人在这一关键时刻的需求相矛盾。例如，政府拨款占社区学院收入的不足65%。2000—2019年，州、地方和联邦为社区学院每个全日制学生提供的实际资金总额（经通胀调整后）持平，而对该系统的需求和期望却大幅增加。联邦政府对成人就业培训、成人基础教育和高中职业技术教育的资助都有所下降。2001—2019财年，《劳动力投资法案》/《劳动力创新和机会法案》（WIA/WIOA）的支出从46.2亿美元降至28.2亿美元（见图4.1）。这一下降幅度很大，但即便如此，也高估了用于培训的有限资金。由于《劳动力创新和机会法案》提供的资金与《瓦格纳－佩瑟法案》提供的资金一起用于支持就业中心，因此据估计，前者只有不到30%用于培训。培训资源的缺乏尤其令人担忧，因为上述成功的中介机构需要不小的投资。

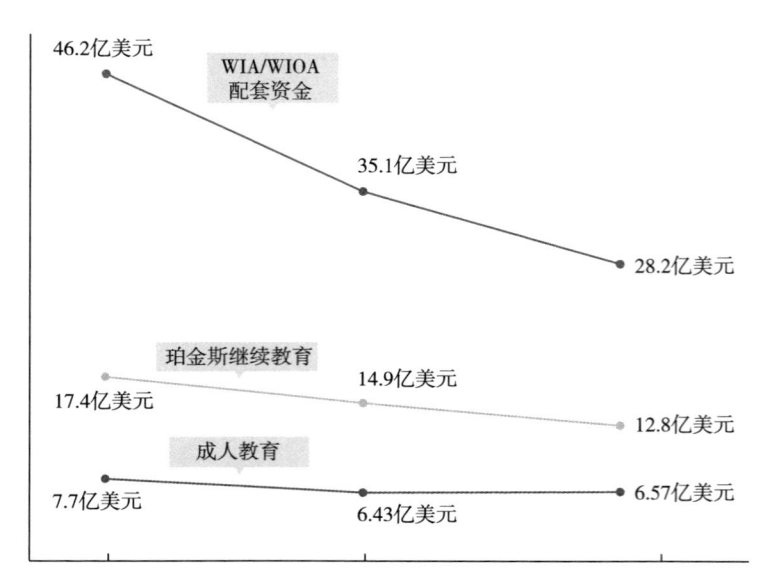

图 4.1　2001—2019 年《劳动力投资法案》/《劳动力创新和机会法案》的年度支出

资料来源：National Skills Coalition，https：//www.nationalskillscoalition.org/news/blog/budget-analysis-2021-request-has-important-skills-proposals-but-big-cuts-to-labor-and-safety-net-programs。

区域承诺

　　区域承诺将重点放在教育和培训是有道理的，因为劳动力市场是区域性的，而且公共劳动力市场计划、成人教育、社区学院和学校系统最适合由州或地方领导人管理，他们可以在州或区域层面进行协调（包括跨州协调，如在大华盛顿地区）。[31]尽管如此，除了良好的管理，还有更深层次的要求，即雇主、社区团体与工会、政府以及教育领导者共同致力于建立并支持一个培训系统。有几个州就是这种承诺的典范。例如，马萨诸塞州、北卡罗来纳州和田纳西州因其创造性的劳动力发展系统而广受赞誉。但即使在这些最佳实践的州，有限的资源也限制了其规模。[32]

波士顿提供了一个数十年来地方共同参与的范例。20世纪70年代末，州政府和高科技企业界共同组建了海湾州技能公司（Bay State Skills Corporation），为就业培训提供公共和私人资金。1982年，波士顿商界更广泛地支持《波士顿契约》，这是当前"承诺计划"（promise program）的早期例子，为波士顿所有高中毕业生提供中学后教育的资金支持。1996年，海湾州技能公司和另一个州经济发展机构合并，成立了CommCorp公司（Commonwealth Corporation），该公司由州拨款资助，除其他培训计划外，还管理一项由州失业保险税的部分资金资助的在职员工培训计划。州政府投资支持广泛的培训工作，并与两个大型工会计划合作，即地方1199（Local 1199）的健康培训和酒店与餐饮雇员工会的BEST就业培训计划。另一个重要的参与者是波士顿私人产业委员会（PIC），该委员会是《劳动力创新和机会法案》资助的监督机构。波士顿私人产业委员会的成员包括企业高管，它有效地推动了培训计划与就业之间的联系。此外，全美两个最具创新性的中介机构JVS和Year Up都设在波士顿。2018年，马萨诸塞州成立了一个全州范围的协调框架，将该州的16个地区劳动力委员会和25～30个地方劳动力中心联合起来，组成一个名为MassHire的单一联盟。MassHire于2020年秋季宣布成立，将为美国国防部支持的州级制造业培训和职业路径的新模式（MassBridge）提供样板。

创新

研究发现了行之有效的具体计划和做法，今后的挑战是推广和复制这些成功经验。应对这一挑战需要投资、制度改革以及区域内所有公共和私人部门的参与。除了这些成功的范例，还有很多创新的空间。在此，我们总结了几个需着力发展的方向。

技能标准　以德国的标准为蓝本，克林顿政府在讨论美国的政策时引入了技能标准。其理论依据是，技能证书的标准化将使人们能够在不同雇主甚至不同地域之间有更大的流动性，同时也为雇主提供了新雇员资格的保证。虽然抽象的想法很有吸引力，但重要的问题仍然存在。最深层的问题是，雇主似乎并不重视证书，除非是在严格限定的情况下（如某些 IT 证书），两项大规模调查已经证实了这一局限性。[33] 由于人们尚未完全理解的原因，雇主似乎完全看不到这些证书与工作岗位的相关性。技能标准要想得到成功实施，培训机构和雇主就必须合作，共同制定与工作岗位相关且可信的认证标准。

劳动力市场的信息透明度　公共和私人部门的许多参与者都在努力更好地收集和发布有关当地劳动力市场状况的信息，如职业空缺、薪酬、技能要求、获得不同证书的回报，以及不同培训机构提供这些证书方面的跟踪记录。市场不会轻易披露这些信息，从而导致普遍存在信息不足的问题，而这些问题如果得到解决，将有助于工人、雇主和培训机构做出更好的决策。开发数字化的个人技能和能力档案的新实验也在进行之中，这可以帮助他们在劳动力市场上长期游刃有余。[34]虽然很难反对改进信息，但信息本身并不能替代对工人技能或培训质量的投资。此外，仅仅提供有关培训质量的公开数据，可能还不足以淘汰较差的培训机构。

个人培训账户（ITAs） 资金充足是公共就业培训和再适应系统所有组成部分面临的主要问题。个人培训账户旨在通过为成年人提供机会，让他们把税前资金储蓄下来，用于教育和培训目的，并有公共资金相配套以应对这些挑战。[35]这里的问题是，如何构建个人培训账户，使那些筹资困难的低薪工人也能从中受益。更深层次的问题与我们已经发现的问题相同：历史经验表明，如果没有细致的质量认证和严格的监督，低质量的培训机构将大量涌现并吸纳培训资金。[36]个人培训账户是一个值得探讨的想法，但其结构必须确保培训机构符合质量标准，并确保低薪工人有足够的资金接受培训（可能通过补贴）。

新教学法：在线教育

在线学习具有巨大的创新潜力，而这在 20 年前基本上是不可能的，因此，新的教学理念层出不穷。例如，甲骨文和微软提供的证书课程、新兵训练营、在线课程、在线和面授相结合的课程、机器监督学习以及增强和虚拟现实学习环境。目前还缺乏对这些新模式的数量和范围的全面统计，不过已经有机构对它们进行分类和跟踪，例如 2016 年成立的非营利组织 Credential Engine。

其中一些创新在改进教学、降低成本和促进扩大规模方面大有可为。例如，网络课程使社区学院的学生更容易将工作与教育培训结合起来。事实上，在离家50英里*范围内完全在线学习的学生比例正在增加。[37]

虽然在线教育仍处于早期发展阶段，但随着宽带技术的普及，在线教育发展迅速。自2012年首次被高校引入以来，大规模开放式在线课程（MOOC）不断发展壮大，目前已在全球范围内招收了1亿名学生。[38]现在还出现了混合在线教育，即学生将在线作业与教育机构的面授课程相结合。

特别小组成员、麻省理工学院负责开放式学习的副校长桑杰·萨尔玛（Sanjay Sarma）和特别小组的研究咨询委员会成员威廉·邦维利安（William Bonvillian）对数字化学习领域的发展进行了研究。他们关注的是那些可以快速推广和交付的工具，其成本往往低于传统的教育和培训计划。劳动力教育的大部分内容必须是"实践性的"，因此，在线内容与现场指导、设备操作相结合带来的效果最佳。[39]新冠疫情加速了这一领域的发展，因为出于健康和安全考虑，数百万学生和教师转向远程学习。受疫情影响，许多职业成年人不得不通过视频会议参加培训课程、会议和活动，这进一步加深了在线模式的渗透。

由于大多数在线教育工具的历史还不到十年，在线教育在充分发挥其潜力的道路上面临许多挑战也就不足为奇。单个在线课

---

* 英里，英制长度单位，1英里约为1 609.34米。——编者注

程的完成率相当低，尽管这可能不是一个有意义的指标，因为在线注册的很大一部分可能是低成本的橱窗购物。

当然，在线教育不一定只是传统教育的翻版。一种具有创新意义的模式是提供一组相关课程，并颁发证书，以证明课程提供了与工作相关的技能，这些技能可以转化为工作机会。随着劳动力越来越多地参与终身学习，在线技能培训越来越有助于提升技能，以及在既有工作履历之外增加互补性的专门知识（know-how）。例如，油管（YouTube）提供了关于"如何做"的视频宝库，这个宝库不断扩大且被广泛使用。在线学习对劳动力教育（workforce education）的重要性可能大于对传统教育的重要性，尽管新冠疫情期间向在线学校教育的转变可能打破了原有的平衡。

在新冠疫情的推动下，在线学习工具成为热潮，其结果之一是加快了对最有效的在线教学方法的研究。认知心理学和教育研究为如何将学习科学（learning science）引入在线教育提供了广泛的指导。一个常识性的教训是，缺乏互动内容的视频讲座式学习价值有限，因为学生很难集中注意力。更好的方法是在讲座中穿插参与性讨论，并将讲座调整为一系列"小块"，每块大约10分钟或更短。与Zoom（多人手机云视频会议软件）讲座相比，使用预先录制的异步视频更容易做到这一点。

第二个经验是创造"必要的困难"（desirable difficulty），也就是让学习者在学习教学资料时需要付出一些努力，以提高学习效果。其他有效的技巧还包括分散课程，使学习在几周或几个月

第四章　教育和培训：找到好工作的路径　125

的时间内进行并不断重复；经常提供低风险评估和反馈，从而提高参与度。这些做法都可以很容易地融入在线课程。

　　教育内容和授课方式的革命很可能改变学校教育和培训的实施方式。大量的实验仍在进行中，其中的成功和失败尚未被充分总结，许多潜力尚未被挖掘，此外还需要有明确的评估来确定有效的教学方法。未来的劳动力教育将以新兴技术为基础，包括人工智能驱动的辅导系统、虚拟和增强现实、"游戏化"和模拟学习环境以及协作工具。这些工具将日益成为技能培训的核心，并可能与新的授课模式良性结合，从而扩大教育和培训的获取途径，并在劳动力技能提升和终身学习需求日益增加之际，为实现更广泛的教育和培训的获取途径、更低的授课成本和更高的学习参与度提供可能。

第五章

工作质量

正如第二章所述，在过去40年中，美国并没有将不断提高的生产率转化为大多数工人就业机会和收入的相应改善。缺乏四年制大学学位或专业证书的美国工人所能获得的工作质量低下，就是这种失败的鲜明例证。美国低薪工人的收入远远低于几乎所有其他富裕工业化国家的同行。例如，据经合组织估计，他们的收入比加拿大同行少大约25%。[1]考虑到美国和加拿大之间的许多共同点，包括法律和制度环境、教育体系、产业结构和深入的贸易一体化，这种巨大的收入差异尤其引人注目。值得注意的是，加拿大工人可以享受全民公费医疗。

美国生产率向上的增长路径与大致平缓的工人工资中位数增长之间的差距，并不是技术、全球化或市场力量的必然结果。相反，美国一系列特有的制度和政策选择不但未能缓解，在某些情况下甚至放大了技术和全球化压力对美国劳动力市场造成的后果。要有效应对这些挑战，就必须进行制度和政策改革，使劳动力市场的机会与美国几十年来通过创新以及对人力与物质资本投资而带来的生产率不断提高和社会财富日益增加的状况相一致。这些改革包括制定和执行公平的劳动标准，制定完善的联邦最低工资政策，扩大失业保险制度的范围并提高其灵活性，以及将美国以雇主为基础的医疗保险制度转变为福利可携带的制度。

美国还需要重新评估其对纯股东资本主义的执着，可以说，这助长了削减低薪工人工资和福利的势头。虽然股东资本主义在一定程度上为美国经济的生产活力做出了贡献，但需要更加重视建立一个能够提高所有工人技能和报酬的经济体制以平衡股东资本主义。

解决工作质量问题并非易事。向上流动通道的堵塞和对工人保护的减少是多年来逐渐形成的，不可能在一夜之间得到解决。但一些必要的措施是显而易见的。在此，我们将讨论可能对美国的工作质量产生长期影响的三个重要领域所需的政策变化：(1) 改革失业保险制度，(2) 制定有意义的最低工资法规，以及 (3) 恢复工人在集体谈判和公司决策中的利益相关者地位。当然，还需要采取其他措施，包括找到一种方法，为工人提供独立于其就业状况的医疗保险，但这不是本书要深入探讨的话题。与此相关的是，一些人提倡全民基本收入（UBI），为低收入群体提供更多的经济保障。虽然发达国家的初步证据表明，有保障的收入可以改善人们的总体经济福祉[②]，但本书关注的重点是让工作变得更好的政策。在工业化国家，全民基本收入通常难以实现有保障的收入的目标，但它有其他收益（和成本）值得仔细研究。

失业保险制度：我们是如何走到今天的？

失业保险制度是美国防护非自愿失业工人遭受经济损失的第一道防线。新冠疫情凸显了失业保险制度的弱点，该制度根据1935年的《社会安全法案》制定，其运作涉及州和联邦政府之间复杂的合作关系。

该制度的初衷是在有限时间内提供适度福利。但随着为该制度提供资金而预留的工资税资金的积累，20世纪50年代，美国开始在全国范围内制定一致且更加慷慨的福利，大约为工人之前工资的一半（最高不超过设定的上限），并至少持续26周。这种结构大致维持了几十年。但从20世纪80年代初开始，随着反税情绪的增强和许多州公共财政的恶化，工资替代率开始下降。

马里兰大学的凯瑟琳·亚伯拉罕（Katharine Abraham）教授与特别小组咨询委员会成员苏珊·豪斯曼（Susan Houseman）、厄普约翰就业研究所（W. E. Upjohn Institute for Employment Research）的克里斯托弗·奥列阿里合作（Christopher O'Leary），对失业保险制度进行了细致研究。[3]他们的研究充分表明，在确定失业保险制度应该覆盖的人群，以及名义上被覆盖的人群如何才有资格领取失业保险福利的规则方面，早该进行修改了。例如，美国的失业保险制度将自雇者排除在外。这一群体传统上包括拥有自己的企业并雇用他人的人，但现在越来越多地包括许多相对低薪的服务工人，如女佣、保姆和以网络平台或移动应用程序为中介的"零工"。上述三位研究者写道："未来几年，技术和其他因素的变化可能会使自雇者的比例不断上升，其中许多人可能会面临相当大的收入波动风险。"

现实情况是，公司在如何对员工进行分类方面有一定的自由裁量权。正如亚伯拉罕、豪斯曼和奥列阿里指出的，有关员工分类的决定很少受到监管机构的质疑，而且有人担心，许多公司会错误地把工人归类为独立承包商，以避免他们有资格领取失业救济金。其中一个例子就是大型农场通常会给工人贴上承包商的标签。

在 2020 年大选中，工人们输掉了一场重要的战役，当时加州选民支持了一份由 DoorDash＊、优步和来福车（Lyft）资助的投票提案，规定司机继续被归类为独立承包商。这是该州历史上最昂贵的选票争夺战，各行各业几乎都能立即感受到它的影响。例如，大型超市迅速宣布解雇送货司机，代之以基于应用程序的送货服务。

即使从事失业保险覆盖的工作，低薪和兼职工人也可能难以符合领取失业保险福利的资格。截至 2019 年初，亚利桑那、印第安纳、密歇根、俄亥俄和南卡罗来纳这 5 个州的工人，如果每周按该州最低工资标准工作 20 个小时，并持续工作 6 个月，累计收入仍不足以使其符合领取失业保险福利的资格。在其他 23 个州，即使工人符合其他资格要求，但如果以这些州的最低工资标准每周工作 20 个小时并工作 3 个月，也不足以使其符合领取资格。

这些规定意味着失业保险制度无法为一些从事最不稳定工作

＊ 美国一家外卖送餐服务平台，该公司成立于 2013 年，总部位于旧金山。——编者注

的最低收入工人提供保险，尽管这些工人从事的是理论上在保险覆盖范围内的传统直接雇用工作（direct-hire job）。零售业、酒店业和其他服务行业越来越多地使用排班算法助长了这一问题，因为这些行业的工人面临着工时和排班的波动，这使他们特别难以积累所需要的收入记录，以符合领取福利的资格。

在这一限制性制度下，一些州实施了进一步限制参保的政策。例如，佛罗里达州于 2011 年改用在线系统，该系统仅提供英语版本，并要求申请人完成 45 个问题的在线技能评估。其中一些要求后来在受到法律质疑后有所改变，但申请过程仍然困难重重。

失业保险制度未能跟上就业结构变化的一个指标是，领取失业保险福利的失业者比例不断下降。在过去 40 年里，这一比例总体上呈下降趋势，只有当经济发展到足以使工人从事全职直接雇用工作时，这一比例才会上升。自 2011 年以来，领取失业保险福利的失业者比例一直保持在 30% 以下。此前，领取州定期失业保险福利的失业者比例曾随时间波动，但只有在 20 世纪 80 年代中期低于这一水平，在 2008—2009 年的经济衰退期间，该比例上升到 40%，但随后急剧下降，至今仍未恢复。

这一下降是由少数几个州领取失业保险福利人数的大幅削减造成的：在 8 个州（大多数在东南部），领取失业救济金的失业工人比例已降至 10%~15%。另一个极端主要在美国东北部的 8 个州，那里失业工人领取福利的比例仍然超过 40%，其中包括马萨诸塞州和新泽西州，这两个州的失业工人领取福利的比例远远超过 50%。亚伯拉罕及其合著者指出："一些州的政策立场是，失业保险仅被视作一项需要最小化的商业成本,而不是一项支持有效的求职和提高工作匹配效率的计划。"

领取失业保险福利的失业者比例下降的另一个原因是2008—2009年的经济衰退,当时飙升的失业率导致许多州耗尽了其失业保险信托基金,即在经济好的时候为帮助各州渡过经济衰退期而预留的资金。在最近的经济复苏中,一些州并没有寻求重建这些信托基金,而是通过降低福利的慷慨程度或缩短领取福利的最长期限来应对。

获得失业保险福利的工人比例下降,在一定程度上反映了经济的变化。研究人员发现,工人获得失业保险福利的比例与工会组建率之间存在正相关关系。[④]亚伯拉罕及其合著者指出:"一个可能的原因是,工会可以向被解雇的会员提供有关失业保险申请程序的宝贵信息。工会参保率的下降很可能是领取率下降的原因之一。"其他经常被提及的因素包括"非标准"工作安排的增加和就业市场的两极分化,这提高了从事不稳定工作因而可能没有资格获得失业保险福利的工人比例。

这些事实表明,迫切需要更新和加强工人社会安全网的这一关键部分。正如新冠疫情危机突显的,非自愿失业的原因很多,技术革新只是其中之一。值得称赞的是,作为应对新冠疫情危机的刺激措施之一,联邦政府在2020年春季扩大了失业保险福利的发放范围。

亚伯拉罕及其合著者对失业保险制度提出了四项合理的修改意见,以使该制度更可得且更公平:(1)允许工人将其最近的收入计入资格认定;(2)根据工时而不是收入来确定领取失业保险福利的资格(目前的做法使低工资工人更难获得失业保险福利);(3)取消失业者必须寻找全职工作的要求;以及(4)改革部分失业保险福利,以更好地保护那些没有完全失业但工时或收入被大幅削减的工人。

在更新失业保险制度的同时,美国还必须认真考虑如何对独立承包商进行分类,以确保他们是真正独立的。美国实际上对就业适用了两套不同的法律法规:一套保障传统的全职直雇员工的失业保险、工伤补偿和一些强制性福利,另一套对"独立"工人提供的保护很少,这类工人包括承包商、家政工人、临时工,以及很多情况下的兼职工人。可以说,随着时间的推移,这两种就业类别的边界越来越模糊,而雇主将雇员重新归类为独立工作者的动机却有增无减。这个问题没有现成的解决方案,但就业政策和法规显然需要创新才能跟上工作结构变化的步伐。

制定有意义的最低工资法规

影响低薪工人工作质量的一个关键因素是最低工资水平,这是美国大多数工人可合法获得的最低小时工资。[5]在劳动力市场紧张的时期,如新冠疫情前的扩张时期,雇主被迫提高工资,即使州或联邦法律并没有要求他们这样做,而只是为了吸引并留下需要的工人。雇主们经常抱怨,他们的低工资员工会因为微小的工资差异而跳槽到不同的雇主那里,这就造成巨大的人员流动损失,

第五章 工作质量 135

因为他们被迫不断雇用和培训新员工。实际上，在劳动力市场紧张的情况下，雇主提高工资以吸引和留住员工，体现了良性竞争。

直到最近，州或联邦当局施加的提高最低工资的压力还很小。许多州政府官员认为，保持较低的最低工资是吸引雇主在其管辖范围内开设新企业的关键。与此同时，定期提高联邦最低工资以抵消通胀影响的做法经常遭到企业界和意识形态领域的强烈反对。许多自由市场保守派认为，最低工资在竞争激烈的市场中没有任何作用，而企业更倾向于认为联邦政府不应该设定全国最低工资，甚至认为最好由各州来充当这一角色。因为在密西西比等较贫穷、生活成本较低的州，合适的最低工资标准可能远远低于富裕的马萨诸塞州或纽约州。这种观点有其道理：联邦最低工资法规应设定一个全国工资下线，各州和地方可以在此基础上提高，这种情况经常发生。

1979—2016年，各州的最低工资标准共发生了138次显著变化。⑥从逻辑上讲，工资水平高、生活成本高的州，如纽约州、马萨诸塞州、华盛顿州和加利福尼亚州，往往会比其他州设定更高的最低工资水平。例如，2014年，西雅图是美国第一个规定最低工资为每小时15美元的城市。此举引发了企业界的广泛担忧，它们认为这将鼓励企业迁出城市地界以规避成本。较高的最低工资是分阶段实施的，允许较小的企业在几年内达到每小时15美元的最低工资标准，而2021年是所有雇主被纳入该规定的第一年。与此同时，佛罗里达州选民批准在六年内分步将该州的最低工资提高到每小时15美元。超过60%的选民赞成对佛罗里达州宪法进行必要修订。

20世纪90年代以前，大多数州都没有制定自己的最低工资标准，而是将这一责任留给了联邦最低工资标准。从图5.1中不难看出，各州在过去30年中提高最低工资的原因是，自1980年以来，联邦最低工资的实际价值呈持续下降态势，仅有短暂的修正。在这几十年里，意识形态领域的反对和商业游说使最低工资的名义价值基本固定，而通胀却无情地侵蚀着它的实际价值。2020年，美国联邦最低工资的实际价值与1950年（70多年前）的实际价值基本持平，比1979年的实际价值低约35%。

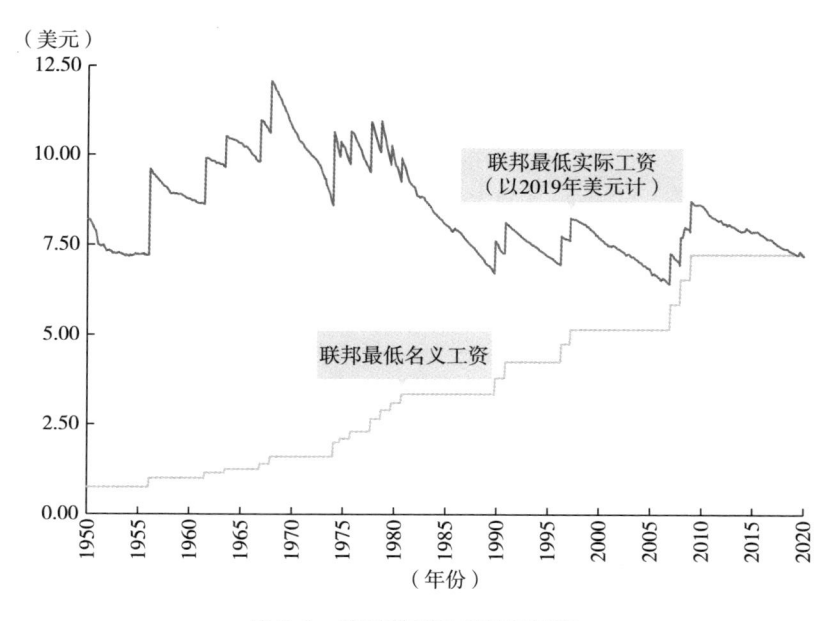

图 5.1　美国联邦政府最低时薪

注：最低实际工资采用城市消费者价格指数计算，图中的两项都取美国所有城市的平均值，以2019年12月为100。

资料来源：US Bureau of Labor Statistics 和 Federal Reserve Bank of St. Louis。

第五章　工作质量　137

现有的最佳证据表明，经过精心调校的最低工资只会对就业产生些许观察不到的不利影响，却可以减少家庭贫困。它们在提高处于美国工资分布底端且占大多数的少数族裔工人的收入方面尤其有效。侵蚀美国联邦最低工资本身是一项深思熟虑的政策决定，它放大了美国的收入不平等，延缓了美国低薪工人的收入增长，并可能进一步削弱工会代表其成员进行谈判的能力。虽然各州在根据本州具体情况调校联邦最低工资标准方面发挥着重要作用，但联邦政府通过设定各州必须遵守的最低工资标准，可以帮助低薪工人，并清除政治障碍。

最低工资还有提高的空间，它不会扰乱就业，反而会产生积极的地区涟漪效应，从而提高低薪工人的工资。将联邦最低工资的实际价值恢复到当前全美工资中位数的一个合理比例，将使工人大大受益，而净经济成本很小。⑦将这一数值与工资中位数挂钩，以抵消通胀的侵蚀作用，将进一步增加其益处。首先，它将阻止实际最低工资水平逐渐被侵蚀的循环，这种侵蚀对低工资工人是有害的。其次，相对于最低工资水平往往因民众的投票行为而断断续续上调的现状，指数化的最低工资将减少企业未来可能面临的工资约束的不确定性。如上所述，地方应保留制定更高法规的权利，正如它们目前所做的那样。

精心设计的最低工资法规在提高工人收入的同时，对招聘的不利影响微乎其微，但这并不意味着这些政策是"免费的午餐"。相反，经过精心调校的最低工资可以起到税前收入再分配的作用，使收入从雇主和消费者的口袋中转移到低薪工人的工资卡上。研究证实，提高最低工资往往会降低企业的盈利能力，并通过提高企业的经营成本，刺激企业提高价格。这些较高的成本可能会产生严重的后果。在德国，2015年全国最低工资的大幅上调导致效率低下的企业萎缩，而效率较高的企业则以前者为代价实现了增长。这一政策变化对工人和大公司都有好处，前者增加了工资，后者扩大了市场份额，但挤走了生产率不足以支付较高劳动力成本的小公司。这种情况以及可能转嫁给消费者的商品成本上升，提醒人们在政策选择时必然需要权衡。⑧

除了最低工资，还有许多因素影响就业市场中底层工人的工作质量。这些因素包括带薪病假、家庭医疗假和产假等，但美国雇主都不需要提供这些福利。⑨这些因素还包括期望每周有稳定的领薪工时、稳定的日程表或提前通知工作安排，但这些都是非强制性的，而且通常没有提供。其他关键的工作属性，包括安全的工作环境、工伤或死亡情况下的经济补偿，以及获得医疗保险的机会。作为富裕的工业化国家，美国主要通过雇主提供医疗保险，而且这一般不提供给低工资工人。无论怎么看，在为劳动力市场的底层工人提供稳定且有保障的就业方面，美国都落后于其他富裕的工业化国家。⑩

美国医疗保健系统是美国低薪工人面临不稳定状况的一个主要例子。虽然整个医疗保健行业被认为是一个为受教育或培训程度有限的人提供良好机会的行业，但对于那些不直接为医疗保健系统工作的人来说，情况却暗淡得多。美国劳工统计局的数据显示，2019年，健康和个人护理助理的工资中位数为25 280美元

第五章　工作质量　139

（每小时 12.15 美元），而注册护理助理的工资中位数仅略高于此，为 29 640 美元（每小时 14.25 美元）。保罗·奥斯特曼指出："家庭护理助理被视为无技能的陪伴者，或美化了的保姆，其受教育程度不高，潜力也不大。"他还补充道，在这些工人中，女性、移民或少数族裔的比例过高。[⑪]虽然这些似乎只是个别例子，但 2019 年，仅这两种职业就有 500 多万美国工人，约占美国总就业的 1/25，并且预计在随后 10 年中还将增加 125 万人。[⑫]

健康和个人护理工作者以及注册护理助理受到各州"执业范围"规则的限制，不能给病人用药或协助许多常规医疗程序。随着执业范围规则的改变，这些工作者可以获得授权并接受培训，以提供诸如健康状况观察和伤口处理等服务。这将为此类工作扫清障碍，使工人们获得更多收入，他们也将被视为向老年人和残疾人提供更多医疗保健服务的组成部分，从而提升地位，预计在未来 25 年内，这一群体的人数将翻一番。然而，奥斯特曼采访的一些雇主和分析师却否定了这种可能性，因为他们认为这些工人学习新技能的动机和能力都太有限。也许更重要的是，经过认证的护士不会允许受训练较少的医疗服务提供者从事护士的许多任务，因为他们担心自己的工资和薪酬水平会受到影响。

工人是利益相关者

与其他发达国家相比，美国人更担心自动化带来的负面影响，这可以说是美国股东至上模式的社会成本之一。[⑬]工人们理所当然地认为，他们无法有保障地分享新进步的成果。在市场经济国家中，美国独一无二地崇尚完全的股东资本主义，即企业的唯一目的是实现股东价值最大化。股东资本主义规定，员工的价值应该像其他无形资产一样，按市场价格进行补偿，如果员工对公司的价值低于公司对其负担的成本，则应予以解雇。在这种模式下，裁员和关闭工厂的个人、社会和公共成本不应在决策中发挥关键作用。虽然股东资本主义是美国经济富有活力的原因之一，但完全的股东资本主义已到了被重新评估的时候。

越来越多的美国企业正在进行这种重新评估。2019年8月，由美国许多大公司的首席执行官组成的商业圆桌会议（Business Roundtable）发布了一份新的《公司宗旨宣言书》（Statement on the Purpose of a Corporation），181名首席执行官签署了该宣言书，承诺带领公司为所有利益相关者（包括客户、员工、供应商、社区和股东）谋福利。这是自1997年以来，该组织的原则首次没有宣示公司存在的主要目的是服务股东。摩根大通董事长兼首席执行官、商业圆桌会议主席杰米·戴蒙（Jamie Dimon）当时说："美国梦还在，但正在破灭。"[14]

发布大胆的宣言并不难。至于董事会是否会随之做出有意义的改变，我们拭目以待。沃尔玛和亚马逊等大公司都是将基本工资水平提高到法定最低工资水平以上的突出例子。当这些企业提高最低工资时，在同一劳动力市场上经营的竞争企业也会提高工资和福利待遇。[15]然而，对于企业是否仅仅因为它们承认"工人是利益相关者"就会提高工资，我们应该持怀疑态度。这是一种代

第五章 工作质量 141

价高昂的行为，而且一旦提高工资不能带来更高的生产率，那么管理者能否向董事会或股东证明这些措施是合理的就不得而知了。[16]一般来说，为工人创造更好的工作岗位需要企业支付更高的工资和更有效地使用劳动力。如果没有后者，企业可能会发现支付更高的工资无利可图，甚至是不可行的。作为美国最大的两家低薪劳动力雇主，亚马逊和沃尔玛在提高基本工资之前，都曾因其用工方式受到公众的强烈批评。公众压力会增强提高工资的商业理由（即避免负面宣传），但对绝大多数知名度和盈利能力不如亚马逊和沃尔玛的公司来说，这不太可能奏效。显然，政策可以发挥激励作用，使这些措施对雇主有吸引力（或不可避免）。[17]

工会直接与雇主就工资和工作条件进行谈判，为立法机关制定法规或公众施压运动提供了一种传统的替代方式。与其他许多发达工业化国家的工人相比，美国工人在提升工会代表权方面的表现要差得多。如图 5.2 所示，虽然许多国家的工会覆盖率均有所下降，但美国的覆盖率仍远低于其他 OECD 国家。过去，工会代表工人利益，在制衡管理层方面发挥着重要作用。事实上，二战后曾有一段时期，工会可以说是过于强大，限制了灵活性，提高了成本，削弱了技术改进的动力。[18]

工会的谈判能力随着会员人数的减少而下降。与此同时，近年来普通民众对工会的支持率实际上在上升，2008—2009 年经济衰退后更是急剧上升。盖洛普公司自 1940 年以来一直跟踪调查公众对工会的看法，根据该公司的数据，65% 的美国人现在表示"支持"工会。这是自 2000 年以来的最高水平。[19]

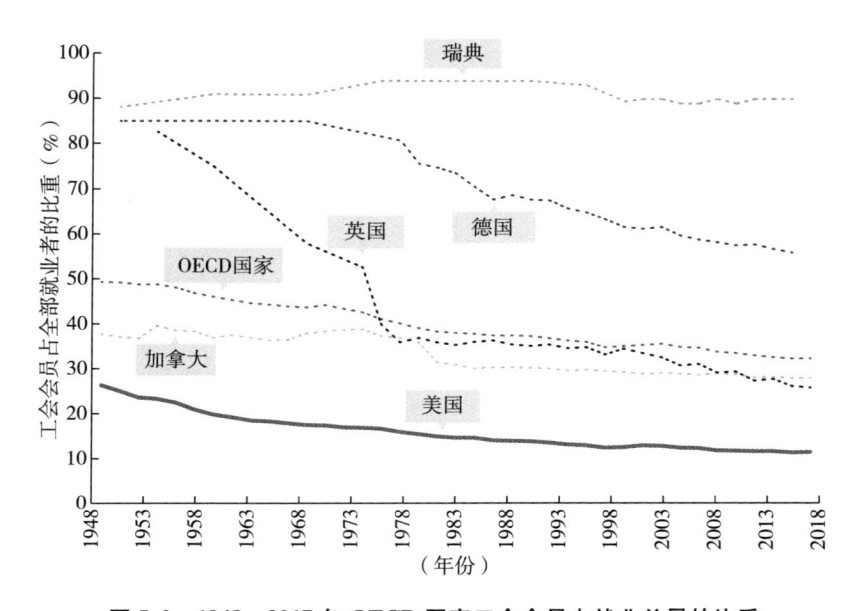

图 5.2　1948—2017 年 OECD 国家工会会员占就业总量的比重

资料来源：OECD Stat；Collective Bargaining Coverage. ICTWSS database version 6.0 (June 2019)。

对工会持有好感的不仅仅是普通民众。调查显示，美国工人认为自己在工作场所的代表权不足，并希望在工作条件、安全、培训和工作设计等工作属性方面拥有更大的影响力。特别小组成员托马斯·科昌（Thomas Kochan）及其麻省理工学院斯隆管理学院和哥伦比亚大学的合作者发现，大多数美国人感到他们对一系列工作场所问题的影响力小于他们应该拥有的影响力，这些问题包括薪酬、工作保障、晋升、尊重和骚扰，还有新技术在他们的工作和工作组织中的应用方式。他们将此定义为"话语权差距"。1/3~1/2 的工人表示，他们在其他与工作相关的问题上也看到了这种差距，包括雇主的价值观、培训、歧视、组织的产品或服务

第五章　工作质量　143

质量以及对工作场所问题的解决方式。同一调查还发现，近年来工人对加入工会的兴趣有所上升。目前，约有半数未加入工会的工人表示，如果有机会，他们会加入工会，而在20世纪70年代和90年代，约有三分之一的工人表示会加入工会。在一项后续的全国调查中，研究者采用了实验式调查设计，以确定工人更喜欢哪种形式的代表。公司或行业层面的集体谈判、向管理层提出关于雇佣惯例（employment practice）的建议，以及工人在公司董事会中的代表权，都被认为是重要的。[20]

工会的经济学原理虽然微妙，但令人信服。在本科经济学教科书中经常看到的完全竞争的劳动力市场上，工人获得的报酬是他们的"边际产品"，即他们对经济价值的净贡献。与此同时，激烈的竞争使企业利润为零。在这种情况下，无论是工人要求更高的工资（因为他们已经获得了对经济产出的全部贡献），还是企业与工人分享利润（因为没有利润），都是不可持续的。因此，从经济理论上讲，在这种理想情况下，集体谈判不可能改善自由市场的结果。

实际上，劳动力市场在许多方面都是不完善的。它们不是完全竞争的，这意味着工人的工资可能低于他们对产出的贡献，而企业可能获得丰厚的利润。除了这些讨价还价能力的不对称，企业和工人之间还可能存在信息不对称，这使得企业可以剥削员工（例如，使他们看不到健康和安全隐患），或阻止员工表达富有见地的想法和合情合理的担忧。最后，企业可能有激励做出对股东而言利润最大化但对工人和社区造成损害的决策，比如为了个人的蝇头小利而关闭工厂，由此带来巨大的社会成本；将工人置于不必要的健康和安全风险中；强迫工人接受剥削性的工作条件（如降低工资或故意违法违规）。许多政策制定者和经济学家都认为，这些偏离教科书式竞争性劳动力市场状况的现象，即便不是普遍现象，也司空见惯。这些偏离现象为各类工人组织创造了机会，使它们能够代表工人进行真诚谈判，以协商公平的工资和利润分配，减少可能损害工人或企业或两者的信息不对称现象，并使企业认识到损益表中没有考虑的决策会带来一些社会后果，因而应当将这些后果考虑在内。

与这一原因相一致的是，有强有力的证据表明，工会能改善其成员的经济状况。正如麻省理工学院研究生加布里埃尔·纳米亚斯（Gabriel Nahmias）指出的，据估计，加入工会可使美国工人的工资提高15~20个百分点，同时工会会员更有可能享受带薪家庭假和医疗假等福利，而且工会商店也有助于缩小种族工资的差距。[21]研究表明，工会代表权的弱化是导致工资无法与生产率同步增长的原因之一，这不同于二战结束后到20世纪70年代大部分时间里曾经历的情况。黑人工人在工会中的比例也过高，因此，与最低工资一样，他们在工会工资谈判中处于特别不利的地位。[22]雇主对工会的热情不如工会所代表的工人，这一点不足为奇。虽然没有确切的证据表明工会是阻碍还是促进了雇主生产率的提高，但毫无疑问的是，工会限制了管理的灵活性（管理者从来都不喜欢这一点），而且如果工会取得成功，就会将企业利润的一部分转用于提高工人的工资和福利。

第五章　工作质量　145

工人追求代表权是合理的，事实上，在大多数工业化国家，这种追求是毋庸置疑的。然而，要想找到改善工人代表权的方法，就需要创新。虽然重建代表权有助于确保从技术和其他生产率增长中获得的收益能够用于改善工资和工作条件，但很可能没有一种理想的（或得到广泛认同的）模式或机制来重建工人在工作场所的代表权。

对1935年《全国劳资关系法案》（NLRA）进行改革是一个富有挑战但又十分重要的创新领域。《全国劳资关系法案》关于企业与工人互动的框架中条条框框过多，限制了工人和雇主代表之间合作谈判的机会。德国等国家规定工人在某些公司董事会中拥有代表权，并设立了代表工人更广泛利益的工作委员会。与此形成鲜明对比的是，《全国劳资关系法案》禁止由公司主导工会，规定工作委员会在美国非工会企业中属于非法。对于工人能否进入公司董事会的问题，《全国劳资关系法案》只字未提。该法案还将农业工人和家政工人排除在外，这是新政期间种族主义的遗留问题，当时南方的国会议员成功地将黑人工人排除在政府规定的新保护和福利之外（当时黑人占南方农业工人和家政工人的绝大多数）。尽管有这段历史，而且有别于其他同样将黑人公民排除在社会保护之外的新政立法，《全国劳资关系法案》自实施以来，除了因1947年的《塔夫脱－哈特利法案》（Taft-Hartley Act）通过限制某些工会活动和权力而遭到削弱，未曾得到实质性修订。

一些工会正在推进重大创新。例如，代表酒店、赌场和餐饮服务业员工的工会"团结起来"（UNITE HERE）提供了一个不同寻常的谈判案例，专门用于应对新技术的引入。从 2018 年开始，"团结起来"与其会员的主要雇主谈判并达成协议，规定在引进新技术时最多提前 6 个月发出通知，它有权与雇主就技术问题进行谈判，并为因新技术而被解雇的工人提供再培训、遣散费和新职位的优先考虑权。然而，这样的努力收效甚微，未能保护工人免受一个更基本问题的困扰，即缺乏工作保障。例如，在新冠疫情期间，旅游和休闲业的大规模衰退引发了大规模裁员。

为了让工人在工作中拥有更多发言权而进行的各种尝试正在兴起。"争取 15 美元"运动成功迫使亚马逊和沃尔玛等大公司提高了起薪，尽管这些公司没有工会来协调为此而做的各种努力。这些团体的策略通常是吸引消费者关注大公司的恶劣工作条件或低薪资。2021 年初，谷歌公司的员工宣布成立了一个代表四百多名工程师和其他工人的秘密工会，这在以白领工人为主的公司中实属罕见。与传统工会不同，该工会是"少数人工会"，代表公司 26 万名全职工人和承包商中的一小部分，并且不会为签订合同进行谈判，而是在与工作场所有关的关键问题上推动改革。

麻省理工学院的纳米亚斯研究了劳工运动如何尝试新型集体行动，他指出，一些被挡在传统劳工保护之外的团体利用"二级劳工行动"，在他们处于弱势的方面向雇主施压。这些团体制定了自己的激励机制，以招募和维持成员，并"将各种策略组合在一起，帮助善意的雇主做到公平，同时制裁那些拒绝公平的雇主，他们将全面运动与罢工行动结合在一起"。[23]最著名的例子之一就是农场工人联合会（UFW）。农业工人被明确排除在《全国劳资

第五章　工作质量　147

关系法案》的保护范围之外，但农场工人联合会想方设法将数以万计的工人组织起来，尽管它无法强制收取工会会费。农场工人联合会经常利用二级抵制（secondary boycott）来迫使大型农场企业接受谈判。例如，1966年，美国工人联盟协同抵制一些商店，这些商店出售农场工人联合会正在罢工的农场酿造的酒。根据《全国劳资关系法案》，工人以其雇主的客户为抵制目标是非法的，因此这是一个团体使用组织工具的例子，否则他们的行动就会被否决。

各类农场工人协会继续使用二级抵制手段。伊莫卡利工人联盟（Coalition of Immokalee Workers）为佛罗里达州的农场工人代言，该组织已成功地向出售农产品的零售公司施压，要求这些公司每磅多支付几美分，以支持提高农场工人的工资和福利。

在这些新的组织形式中，有许多涉及更广泛的社会问题，因此并不寻求复制传统工会的模式。成立于2007年的全美家政工人联盟（NDWA）并不致力于和雇主开展集体谈判。相反，它侧重于为其成员提供服务并倡导工人权利。该组织拥有75个附属组织和分会，成员超过25万人。2010年，全美家政工人联盟与其他组织合作，促使纽约通过了首部《家政工人权利法案》。纳米亚斯指出："截至2020年10月，全美家政工人联盟已为九个州和两个城市的家政工人赢得了新的权利。"家政工人通常有多个雇主，这使他们很难就各种工作条件进行谈判。全美家政工人联盟为他们提供工具，帮助他们起草协议。

自由职业者工会（Freelancers Union）是一个同样不收取会

费，也不与雇主谈判以达成集体谈判协议的例子。相反，该工会代表其会员为争取价格更优惠的健康、牙科和责任保险而谈判。与农场工人联合会和全美家政工人联盟一样，自由职业者工会也倡导制定有利于其成员的法律。例如，它在纽约市颁布的一部法律中发挥了重要作用，该法律通过强制签订合同、规定付款条件和制定处罚措施，保护会员免受客户拒绝付费的影响。

"工作与正义"（Jobs with Justice）是一个全国性组织，在各社区设有分支机构，致力于教育、研究、交流、政治行动和促进工人权利的项目。华盛顿州工作组织是一个州级组织，为该州的工人代言，包括倡导更高的最低工资和带薪病假。

迄今为止，这些代表模式都没有达到全国性规模，没有通过集体谈判获得与工会全盛时期相当的权力，没有与主要工会相匹配的财政资源，也没有发展出一种可持续的商业模式。它们中的许多机构都依靠某种形式的基金会来覆盖其费用。

虽然这些另类代表模式正在经历快速演变，但劳动法也需要更新，以使这些模式在与其他模式竞争时能够蓬勃发展。随着新技术和其他结构性创新的兴起，如将更多工人重新归类为承包商，以及基于应用程序的业务（如拼车），"雇主"的定义变得模糊不清，劳动法的更新显得尤为重要。

显然，美国需要多种形式的工人话语权和代表权，以更好地满足不同行业、职业群体和雇佣关系的特点和需求。[24]与本书立足于美国劳动力市场体系现有特点的总体思路相一致，我们的结论是，要加强工人的谈判能力，既需要加强现有的劳动法，也需要对劳动法进行改革，使其更有效地涵盖正在改变工作场所和工作文化的技术和经济变革。举例来说，美国的家政工人不属于《全国劳资关系法案》的适用范围。但是，即使《全国劳资关系法案》的一般条款适用于家政工人，对他们也没有什么用处，因为这些条款旨在促进单一雇主与众多雇员之间的谈判。然而，在家政工作安排中，这种关系恰恰相反：每个家政工人都为多个家庭服务，因此雇主比雇员多得多。[25]类似的问题也延伸到"零工经济"类工作、独立承包、临时救助机构的就业，以及更广泛意义上的任何过于分散而无法使用传统手段进行集体谈判的工人群体。

小结

与其他国家一样，传统低薪服务工作，如保洁和场地管理、餐饮服务、保安、娱乐和休闲以及家庭保健助理，在美国就业中的占比越来越高。然而，与其他高收入国家相比，从事这些职业的美国工人的工资极低，而且很少有机会享受雇主提供的医疗保险、家庭假、病假或工人休假。经合组织估计，经购买力平价调整后的美国低工资工人的工资比从事类似职业的加拿大工人低26%。然而，美国工人的生产率不可能低26%。相反，法定最低工资偏低、极为有限的工人代表权，以及在政策制定和公司治理中股东至上的强烈倾向，这些因素结合在一起，意味着美国劳动力市场最底层的工人无法获得足够的薪酬、适度的经济保障和基本的社会福利。

第六章

支持创新的制度

特别小组对劳动力市场经济学和技术现状的研究得出的一个重要结论是，新的就业增长主要集中在全新的职业和行业中。回想一下，今天的大多数工作岗位在 1940 年还不存在，而仓储和配送等行业的就业增长则是由电子商务这一互联网创新驱动的。经济通过创造新的工作岗位来补充因自动化和生产率提高而失去的工作岗位；这些新工作岗位的最大和最可靠的来源就是由新技术推动的新产业。要了解新产业是如何出现的，以及如何继续鼓励新产业的出现，就必须了解联邦政府在投资于新技术方面扮演的角色。

联邦政府在研发中的角色

在美国，大部分新技术都来自联邦政府资助和支持的项目。当今的分析通常集中在 1940 年以来的时期（见下文），但从美国建国之初，联邦政府就耐心地直接支持创造新产业的技术开发。19 世纪，美国第一所工科学校——西点军校的毕业生带头修建铁路，并维护全国的商业基础设施。联邦政府投资于测量和勘探为西进运动奠定了基础，为飞剪船（clipper ship）开辟了航线，并提议铺设跨大西洋电缆。陆军和海军军械局以及联邦兵工厂开创了可互换零件的生产，为制造南北战争用枪的机床工业播下了种子，并为南北战争后的打字机、自行车和汽车的大规模生产等工业革命奠定了基础。人口普查局对制表设备的需求刺激了赫尔曼·何乐礼（Herman Hollerith）的创新，并由此创建了IBM。

在两次世界大战期间，美国国家航空咨询委员会（NACA），即美国国家航空航天局（NASA）的前身，提供了重要的测试设施、数据和技术人员，以支持一个全新的行业，该行业是美国军事和经济力量的堡垒，也是大量就业的来源。[1]

从1940年开始，这种支持变得更加集中、系统和创新。曾在20世纪30年代担任麻省理工学院工程学院院长的工程师和发明家范内瓦·布什（Vannevar Bush）在罗斯福总统的支持下成立了国防研究委员会（NDRC）及其后继机构科学研究与发展办公室（OSRD），成功地吸引了学术界、工业界的科学家和工程师为战争出谋划策。这些努力，如雷达和曼哈顿计划，不仅为战争做出了实质性贡献，而且为战后的工业和技术（从微型电子产品到青霉素）绘制了蓝图。

布什在1945年向罗斯福总统提交的著名报告《科学：无尽的前沿》中，阐述了基础科学如何通过建立国家科学基金会（NSF）来增进国家经济福祉的愿景。然而，同样重要的还有科学研究与发展办公室更直接的继承者：海军研究办公室，以及后来在人造卫星事件后成立的美国国防部高级研究计划局和一大批新的联邦资助中心，如麻省理工学院的林肯实验室、原子能委员会（后来的能源部）下属的国家实验室、各军种内部的研发工作，还有1958年从美国国家航空咨询委员会成立的国家航空航天局（以下简称NASA）。在这些有组织的行动中，有些资助了面向特定机构任务的技术开发，有些资助了内部或大学的基础研究，还有些为国家任务创建了大型项目，如阿波罗登月计划或人类基因组计划。即使这些项目未能实现其技术目标，或者技术在实验室和产业化之间的"死亡之谷"徘徊不前，但是也往往创建了基础设施，培养了技术人才，种下了造就现代产业的创意和突破口。

以微电子这一关键领域为例，从1950年到1970年，联邦政府资助了半导体行业近一半的研发经费。在20世纪60年代的数年里，仅阿波罗登月计划就购买了美国生产的一半以上的集成电路，这为一项未经证实的技术带来了商业推动力和技术合法性，而这项技术后来改变了美国经济。"阿波罗11号"登月后的第二年，微处理器被发明出来，并进入众多的消费品和工业产品中，这并非巧合。

同样影响深远的是，联邦政府在当今信息技术的创造和发展中发挥了重要作用，信息技术在诞生一个世纪后仍然是经济增长和就业的重要推动力。美国国防部高级研究计划局信息处理技术办公室为核心网络技术和早期示范网络（即ARPANET）提供支持，该网络后来成为互联网。该机构为自动驾驶汽车的基础研究提供资金，这些研究成为今天自动驾驶汽车的基础，它还召集并资助了直接造就这一行业的"大挑战"比赛。美国国防部高级研究计划局资助的研究是当今人工智能系统的基础，也是计算机图形学的基础，而计算机图形学后来成为游戏和模拟行业的基础。谷歌公司起步于国家科学基金会的资助，苹果公司的许多内部组件最初也是利用国防部和能源部的研究基金开发的，甲骨文公司则发端于军队开发的数据库技术。②

从新药到磁共振成像仪，医疗保健和制药行业也提供了类似的证据。由能源部和美国国立卫生研究院资助的人类基因组计划，不仅在基因组学方面取得了突破性进展，还催生了整个基因组技术产业。美国国立卫生研究院资助的研究是所有2010—2016年获批的210种新药的基础。一些研究表明，美国国立卫生研究院的资助获得的回报与股票市场上私人企业的价值比为3∶1，更不用说它创造的就业机会和对公共卫生的影响。③如果没有多年来利用联邦资助建立起来的国家生物医学研究基础设施，就不可能对新冠病毒的疫苗开发做出快速反应。

强有力的证据表明，联邦研发也能带来就业市场的繁荣。请看美国主要研究型大学周边地区的经济成就。1980年，《拜杜法案》（Bayh-Dole Act）使大学能够对利用联邦资金开发的知识产权授予排他性许可，这增强了大学将其内部开发的技术进行商业化的能力。有证据表明，这些政策和相关政策极大地增强了联邦研发资金的商业影响，包括在研发部门以外的影响。④

成功的联邦政府资助项目既有任务导向的（解决具体问题，特别是在军事领域），也有基础型的（探索基本现象）。有时，政府会组织任务导向的大型项目，有时，政府会进行有影响力的采购，购买所需的产品和服务。最近的一项研究发现，在20世纪，三分之一的专利申请来自联邦政府资助，在某些行业这一比例甚至过半。⑤

当然，联邦研究记录并不完美，它也有重复和效率低下的时候：一些政府机构变得臃肿而低效；总体而言，联邦研发体系未能解决20世纪80年代的竞争危机。多年来，将重点更多地转向商业发展、制造业和地区发展的努力既有成功，也有失败。尽管如此，美国联邦研发体系的分散性和重叠性是其优势之一，创新者和好的想法有多种机会获得支持和鼓励。研发基础设施遍布各地，为实现国家目标做出了重大贡献。

这种研发不一定以工业应用或创造就业为目标，尽管这些益处早已有据可查。尽管如此，通过关注基础研究、促进实验、培养一代又一代的年轻创新者以及提供制度支持，联邦研发投资已被证明在解决国家问题和促进经济增长方面发挥了重要作用，更不用说取得的巨大科学进步。

私人资本和企业研发在将新技术推向市场的过程中发挥着至关重要的作用，但两者都不具备几十年如一日地培育新技术的一贯性和耐心。事实上，最近的研究表明，在《研发杂志》（*R&D Magazine*）年度创新奖确定的1970—2006年发明的最重要的新产品中，大多数发明都是在商业化的发展过程的某个阶段获得了联邦政府的资助。⑥

麻省理工学院研究生丹尼尔·特拉菲孔特（Daniel Traficonte）

第六章　支持创新的制度　157

的研究论证了美国研发体系的诸多优势和劣势，记录了政府和产业界在创建一个能为社会、参与研发的私人公司和大学等各方带来积极成果的体系方面的重要互动。[7]据估计，美国研发体系的社会收益是私人收益的 3～4 倍，这进一步支持了增加公共研发投资的主张。[8]

然而，正如第二章所述，如果美国的普通工人几乎看不到或体验不到生产率提高带来的好处，而生产率提高的部分原因是创新能力的提高，那么我们就无法指望公众会大力支持增加研发支出。如果我们要为国家未来的创新能力进行充分投资，那么 40 年前开始并持续至今的"巨大分歧"就成为问题的关键，需要加以解决。

生产率、创新和持续下滑的联邦研发投资

美国的创新能力令人印象深刻，并促成了无数重要的创新，这在很大程度上要归功于联邦政府的投资（如上所述）。但近年来，这些投资有所减少，令人担忧美国是否有能力继续维持其创新能力，并保持这一至关重要的国家竞争优势。

正如特别小组成员埃里克·布莱恩约弗森主持的研究项目概述的，联邦研发支出的下降部分解释了过去十年美国生产率增长乏力的原因。[9]这一下降的代价是双重的，因为公共和私人研发资金是相辅相成的：当政府增加研发投资时，私人部门的创新就会跟进；而当政府缩减研发投资时，私人部门的创新就会减少。[10]

诺贝尔经济学奖获得者、特别小组顾问委员会成员罗伯特·索洛早在几十年前就指出，整个20世纪的生产率增长源于技术进步：工具、技术和组织实践的改进使企业、家庭和政府能够完成更多更好的工作。[11]其中许多技术进步反过来又依赖于研发。美国在创新方面的公共投资甚至落后于其他技术先进的国家。

美国的研发支出总体上已从1960年占世界研发支出的69%下降到2018年的28%。[12]当然，随着其他国家越来越富裕，其受教育程度和技术密集度越来越高，我们预计美国的占比还会下降。但与其他领先国家的投资相比，美国的研发投资至少在过去十年中一直在下降。[13]如果将公共和私人研发投资合并计算，德国2015年的研发投资占GDP的比重为2.9%，而美国和中国分别为2.7%和2.1%。预计中国在未来几年将超过美国和德国。日本和韩国也超过了美国，其研发支出分别超过了GDP的3%和4%。此外，美国研发总支出占GDP的比重在过去30年里保持相对稳定（尽管没有增长），但公共投资在研发中所占的比重在30年里急剧下降，从1985年的约40%降至2015年的约25%（见图6.1）。

公共研发支出往往集中在基础科学和可能还有几十年才能发挥商业潜力的技术上，而私人研发支出往往集中在更接近市场的技术上。因此，即使研发总支出占GDP的比重保持相对稳定，私人研发支出的增加也不可能完全抵消公共研发支出下降对创新的不利影响。

正如特别小组成员黄亚生和研究生孙美岑的研究报告指出的，中国政府在促进创新和实现规模化方面采取了举国体制的方法，

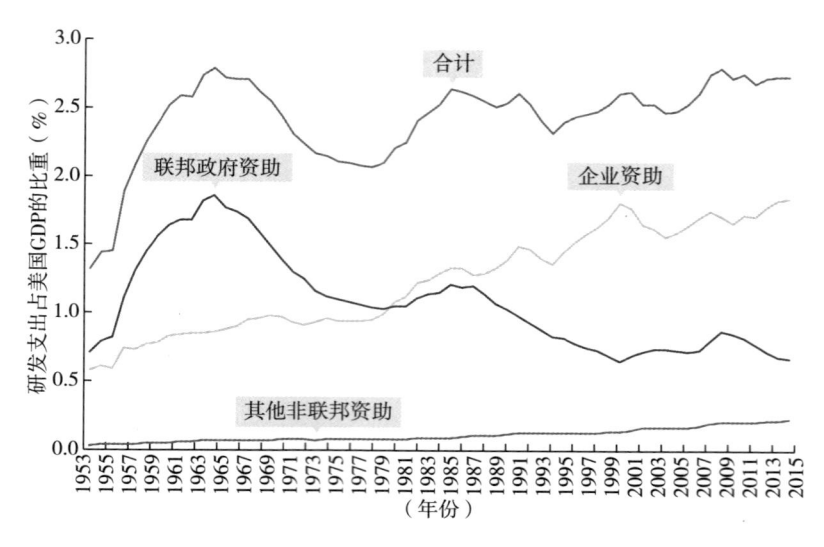

图 6.1　1953—2015 年不同资助来源的研发支出占 GDP 的比重

资料来源：国家科学委员会 2018 年科学与工程指标。NSB-2018-1，NSF，Alexandria，VA，figure 4.3（https：//www.nsf.gov/statistics/indicators）。原始数据来自美国国家科学基金会国家科学与工程统计中心的"国家研发资源模式"（年度系列）。

为全员创新（all-in innovation）提供了另一种模式。[14]这种模式让人联想到美国在不同时期所青睐的大项目方法，包括曼哈顿计划、阿波罗登月计划和人类基因组计划，但现在也适用于产业政策。然而，举国体制的方法要求美国在政治和经济上做出重大承诺，而这对于联邦政府高度分散的研发系统来说并非易事。

美国创新政策和制度的发展方向

由于对外国竞争加剧、生产力落后和不平等扩大等现象的担忧，政府、企业和学术界的领导人正在提出政策建议，以重振美国的创新政策，支持更强有力的产业政策。两党立法提案《无尽的前沿法案》（Endless Frontier Act）展示了美国对未来创新的热望和紧迫感。这一提案可追溯到范内瓦·布什于1945年发布的提案，虽然我们没有详细介绍提案的具体内容，但在下文中强调了我们认为美国应采取的几大方向，在这些方向中，创造性的创新政策和制度将有助于创造和形塑未来的工作。

增加并引导联邦政府研究支出用于帮助工人和应对社会挑战

联邦研发的优先事项本身就是形塑未来工作的一部分。美国联邦政府将技术赋能的未来劳动力市场的健康运行视为值得各类创新者和研究人员进行研究和解决的国家级问题，从而表明这是优先事项，并将资金投至典型工人的工作。

美国国家科学基金会设立一项计划，名为"人类技术前沿的未来工作"，并将其作为未来投资的十大理念之一。该计划的相关原则为更广泛的投资提供了一个模板，包括理解和推进人类与技术的合作关系，以及推广增强人类表现的技术。尚未采取的进一步措施是制定国家级研究目标，通过以人为本的人工智能、协作机器人以及学习和教育科学等研究领域，提高人的能力，支持公平的劳动力市场。

同时，应增加联邦研究支出，并用于可能被私人部门忽视的领域。由于回报周期长，收益难以货币化，私人部门没有足够的激励投资长期基础研究或支持那些为解决技术带来的社会影响而进行的研究。公共投资应重点关注解决气候变化和人类健康等最紧迫的国家级问题所需的技术及其应用。

特别小组成员约翰·范里宁在为汉密尔顿项目[15]撰写的简报中提出，应设立"大创新基金"以应对"大挑战"，这有点类似于阿波罗登月计划或人类基因组计划等举国体制式的努力。正如范里宁概述的，大量证据表明，产业政策可以对经济产生积极影响。随着美国经济增长的放缓以及中国等国家在产业政策方面取得相对成功，因此值得为 21 世纪的"重大挑战"提供新的投入。"曲速行动"（Operation Warp Speed）在不到一年的时间内成功研制出针对新冠病毒的疫苗，这个例子说明将联邦研发资金和精力集中用于解决国家级挑战能够带来的成果。

更宽泛地说，联邦政府需要投资于"高难度技术"[16]，这些突破性技术需要更多时间才能成熟，在开发周期的各个阶段往往需要更多资金。这些技术需要有耐心的投资，特别是在展示大规模应用的可行性方面，需要有一定的风险承受能力，而私人部门的投资者通常喜欢这一点。[17]这类技术的例子包括材料和化学品的先进制造、下一代半导体、清洁能源的生产和储存、量子计算以及合成生物学。其中许多技术涉及硬件组件和独特的生产工艺，与纯软件产品相比，开发这些技术需要更多的时间和金钱，而纯软件产品的边际生产成本接近于零（尽管不是初版成本）。通过尽早在新兴技术领域掌握全面的专业知识，并实现商业化，美国不仅可以在经济上获益并投资于国家安全，而且美国的发明家、科学家和政策制定者也能够影响创新的方向，以体现美国的价值观和优先事项，包括增强工人的力量。

最后，新冠疫情的后续影响要求我们重新致力于提高中小企业的生产率，它们面临着日益激烈的国际竞争。中小企业在美国商界占大多数，是供应链的重要组成部分，对国家安全、创新能力和就业至关重要。正如特别小组顾问委员会成员凯伦·米尔斯率先开展的研究显示的，供应链行业是一个庞大而独特的经济类别，2015年占美国私人部门就业的43%。它既包括制造商，又包括工程、软件和物流等服务业，这些行业在美国经济中也可以提供一些工资最高并且与科学、技术、工程和数学最相关的工作岗位。[18]

确保中小企业供应商能够在这些前景广阔的行业中竞争和创新，对于创造更多高薪、高科技工作岗位至关重要。麻省理工学院的研究人员发现，许多制造业供应商并没有大量投资于提高生产率的新技术，机器人数量不是太多而是太少。[19]为了提高中小企业的生产率，我们需要增加技术投资，推动技术升级。为此，联邦政府和各州应该相互合作，补贴新设备投资，或者在一段时期内为关键产品创造有保证的需求，无论这些产品是国防相关产品，还是受全球疫情影响的关键医疗卫生用品。

扩大创新的地域范围

美国的地区经济不平等也在过去几十年里不断扩大。直到20世纪80年代，美国各地区的经济增速都在趋同，但是此后就出现了稳步的地区分化，造成地区之间以及地区内部经济差距的持续扩大。这种差距很大程度上与教育水平和人口密度相关。教育程度高、人口密度大的城市蓬勃发展，而非大都市地区则日渐衰落。然而，即使在这些繁荣的城市中，非四年制大学学位的工人的经济状况也几乎没有改善，这意味着地区繁荣并不能保证共同繁荣。研究人员记录了地区衰退对个人乃至几代人造成的长期经济后果，并提出了几项扭转这些趋势或者至少减缓衰退的对策。[20]

正如联邦研发投资对新技术和新产业的商业化发展带来了正的溢出效应，它们也为这些联邦资金的受益地区创造了正的地理溢出效应。我们很难计算过去10年波士顿地区的生物技术研究人员每年获得近20亿美元联邦研发资金给该地区带来的溢出效应。

美国的许多创新中心都受益于创新能力的收益递增效应，也就是说，创新带来了更多的创新。硅谷的创新能力多年来不是保持稳定，而是有了突飞猛进的提升。创新产业就业比例高的城市，随着时间的推移往往会吸引更多这样的工作岗位。[21]虽然越来越多的地方成为创新中心，如亚特兰大、丹佛和盐湖城，但顶级创新城市和地区的集中度越来越高。这种趋势不利于降低繁荣的集中度或缓解收入不平等的加剧。

为了更好地扩展经济机会和创新能力，研究人员和政策制定者建议联邦政府制定一项基于地区情况的研发战略，将研发带来的就业和经济发展收益带到落后地区。麻省理工学院的研究人员乔纳森·格鲁伯和西蒙·约翰逊在近期的研究中提出了一项战略：一些具有培育创新能力所需的重要资产（例如，四年制大学毕业生的比例较高、有工业）的地区可在数年内获得大量联邦研发投资。[22]这一战略以及其他可能在较小范围内有效的战略（如产业集群层面）值得投资，并可为某些地方带来重要的经济效益，同时在如何帮助扭转地区经济衰退方面提供宝贵经验。

运用税收政策鼓励对劳动力的投资

本书的大部分讨论围绕着人类和计算机是合作从事还是相互竞争未来的工作岗位而展开。但几十年来，在某个经济领域，机器一直比人类同行有明显的优势，这个领域就是税收。

麻省理工学院教授达龙·阿西莫格鲁和安德里亚·马内拉（Andrea Manera）与波士顿大学的帕斯夸尔·雷斯特雷波（Pascual Restrepo）合作撰写了一份特别小组简报，以鲜明的比例说明了这一情况："过去40年，劳动力的平均税率约为25%，而设备、软件和建筑物等被归类为资本的东西税率较低，而且近年来这一税率持续下降。"[23] 20世纪90年代，软件和设备的平均税率仅为15%，现在已经降至5%左右。这种差别意味着工人的工资每增加1美元，雇主就要多缴25美分的税。对公司来说，如果能有效利用这些资金来扩大产出，那么以较低税率将同样1美元投资于资本将是一笔更好的交易。[24]随着新技术的出现，从仓库和工厂到医院和保险公司，整个经济中的工作自动化变得更加容易和成本更低，资本替代劳动的问题变得更加紧迫。为了纠正这种极端的不平衡，美国应该重新平衡对资本和劳动力的征税方式，以消除这种有利于资本的内在倾向。

正如阿西莫格鲁和雷斯特雷波早期的研究所示，对传统税收政策的这种反思恰逢其时。[25]采取税收激励措施鼓励企业进行技术投资的传统观点认为，虽然这可能会减少对劳动力的需求，但同时也会促进生产率的提高，从而形成创造财富的良性循环，最终带来更多的工作岗位。这就是技术投资往往不会减少净工作岗位的原因之一。投资新机器的工厂可能需要更少的工人来生产产品，但新机器带来的生产率提高往往会刺激对更多产品和服务的需求，从而创造更多的工作岗位。

但本书认为，这些政策可能会鼓励企业投资，以减少对劳动力的需求，但不会相应提高生产率。阿西莫格鲁和雷斯特雷波将这些技术称为"一般技术"。零售店的自助结账机就是一个例子。这些机器减少了对收银员的需求，但几乎无助于提高生产率。事实上，由于普通购物者结账的技巧可能不如训练有素的店员，因此机器很可能会减慢结账速度。这并不意味着美国应该减少对生产性机械的投资，而是让我们杜绝仅仅因为税收制度补贴机器，就用自动化取代工人。

要制定一项能够找出哪些技术会带来普遍结果的税收政策是极其困难的。制定可以区分资本和劳动的政策甚至更难，因为聪明的税务会计很容易找到方法来模糊两者的界限。如果能够获得更好的税收待遇，企业往往会想方设法将劳动回报重新归类为资本回报。因此，统一劳动和资本的税收待遇的另一个有力论据是，由于税收制度难以区分劳动和资本，以截然不同的税率对劳动和资本征税只会鼓励减少税收的博弈（同时使博弈者致富）。

要建立一个更加平衡的制度，最直接的方式是削减给予公司的折旧免税额（depreciation allowance）。这些减税措施使公司几乎可以立即从税单中扣除资本投资支出，而这些支出本应在资本投资的整个生命周期内扣除。这些快速折旧免税额原本是在经济衰退时刺激经济的短期工具，但近几十年来，折旧免税额变得更加慷慨和持久，企业也大力游说延长和提高折旧免税额。

公司玩弄税收制度的另一种方式是将自己重新分类为 S 类公司，而不是传统的 C 类公司*。最近的研究表明，S 类公司能够更有效地将劳动收入重新归类为资本收入，这使它们能够享受较低的实际税率。[26]通过对 S 类公司实施更严格的控制，同时协调资本税和劳动税，减少税收不对称，将有助于解决税收扭曲问题。阿西莫格鲁、马内拉和雷斯特雷波写道："这些政策措施将扩大资本收入的基础，并使资本和劳动所得税趋于一致。"[27]

政府还为研发支出提供税收减免，以鼓励对新技术的投资。鉴于这些措施取得了显著成效，应继续保持。对相关文献的仔细研究表明，研发税后价格每下降 1%，研发活动至少会增加 1%，这一回报率仅略低于联邦政府对研究的直接资助。[28]在保留研发税收抵免的同时，还可以通过实施雇主培训税收抵免来改进这一制

---

* S 类公司（S-corporation）是指一种特殊形式的股份有限公司，其主要特点是公司本身不纳税，利润和亏损直接分配给股东，并由股东在其个人所得税中申报。S 类公司的股东人数不能超过 100 人，且必须是美国公民或绿卡持有者。C 类公司（C-corporation）是标准的股份有限公司，具有独立的法人资格，股东承担有限责任，可以发行股票，且没有股东人数限制。C 类公司需要双重纳税，即需要缴纳公司所得税和股东所得税。——编者注

第六章　支持创新的制度　167

度。与研发税收抵免一样，这种培训税收抵免将暗含政府分担雇主在工人培训方面的投资成本。与所有减税措施一样，这种减税措施也需要严格监管，以防止滥用。我们强烈建议，这种减税措施只适用于经认证可获得外部认可证书的培训。

众所周知，在联邦研发投资的推动下，美国拥有一个强大的国家创新体系，以发展基础科学和新技术，从而引领科学发展和新兴产业。然而，人们较少认识到，这些新兴产业与提高生产率的技术必然导致的工作岗位流失之间存在重要的互补关系。现有产业在走向成熟的过程中，提高了机械化和自动化水平，与此同时，欣欣向荣的创新生态体系会创造新公司和新应用，催生新产业。然而，我们却让这些重要的研发投资滞后，并有可能大规模缩减，从而对劳动力市场造成相应影响。通过增加有针对性的研发投资，以及将工人和社会挑战放在首位的税收政策，与几十年前的情形相比，美国的创新体系可以给更多的人和地区带来工作。

第七章

结论和政策建议

技术进步并不会使我们走向没有工作的未来。在未来 20 年里，工业化国家的职位空缺将超过填补这些空缺的工人人数，而机器人和自动化技术将在缩小这些差距方面发挥越来越关键的作用。我们最终将需要更多的技术进步来解决人类最紧迫的问题，包括气候变化、疾病、贫困和教育不足。

然而，不断进步的机器人、自动化和尚未预见的技术并不一定会惠及所有工人。这些技术与经济激励、政策选择和制度力量相结合，将改变现有的工作岗位、工作质量及其所需的技能。这一系列的变化向我们提出了挑战，要求我们不断在创新、增长和公平之间取得平衡。

今天的大多数工作在 1940 年还没有被创造出来。创造完成现有工作的新方法、新商业模式和新产业，推动了生产力的提高和新工作的出现。创新带来了新的职业，产生了对新型专业知识的需求，并为高回报的工作创造了机会。一个世纪后人类的工作会是什么样子尚不可知，但未来的大多数工作都将有别于今天的工作，它们的出现将归功于科技进步带来的创新。

20世纪的经济史表明，一个健康的劳动力市场是共同繁荣的基石。精心设计的制度可以创造更多机会、增强经济安全，并推动民主参与。在21世纪，美国必须致力于重建这一基础。它需要加强并建设各类制度，启动新的投资，并制定相关政策，确保工作仍然是大多数成年人走向繁荣富裕的劳有所获、受人尊重且经济上可行的重要途径。

支持建设这种更加公平和可持续的经济有三大基本支柱。

技能和培训方面的投入和创新

技术创新要求工人既要有扎实的基础技能，又要接受专门培训。然而，特别小组的研究发现，一年中只有大约一半的美国工人接受了雇主提供的某种培训，而且接受培训的主要是受过高等教育的非少数族裔。美国现行的劳动力入职培训、在职培训和下岗工人培训体系呈碎片化，质量也参差不齐。不过，该体系具有灵活性，允许工人在其职业生涯的不同阶段进入或退出该系统。全美各地有许多堪称典范的公共、私人和非营利性培训计划，尽管有些计划不太成功，而且大多数都没有经过评估。那些在严格评估基础上被证明是成功的培训模式应该推广，为更多工人提供服务。新技术，包括在线教学、基于人工智能的引导式学习系统和虚拟现实工具，既提供了新颖的方法，也为学生、工人和求职者在生命周期的各个阶段提供了更方便、更实惠、更有吸引力的培训。为了增加和改善通往更好工作的途径，需要进行多方面的努力。

- 促进私人部门在培训方面的投资，尤其是加速工资较低和受教育程度较低的工人（少数族裔工人占大多数）向上流动。颁布精心制定的税法条款（见上文）或配套资金计划，鼓励雇主提供培训，以获得公认的、可验证的证书。

- 大幅增加联邦政府对培训计划的资助，使没有四年制学位的工人能找到中产阶级工作。应在竞争的基础上向社区学院和劳动力市场中介机构提供支持，这些机构应证明其与雇主密切合作，为参与者提供支持服务（即辅导、咨询、托儿和交通），并投资于包括工作导向的学习在内的创新型培训计划，这些要素已被证明是成功的关键。鼓励由雇主、政府、社区学院和社区团体组成的地区合作，共同致力于建立满足雇主需求的技能培养体系。

- 支持提高社区学院学位完成率的政策。该政策应包括提供资金和激励措施，以重新设计课程，将补习教育和职业培训结合在一起（而不是分开并列），开设更短的课程，提供被认可的学位证书，并为短期培训提供更多的资金支持，使成年人在就读期间能够专注于学习而不是工作。

- 严格评估培训计划并为此提供充分的资金支持，以衡量这些培训计划在实现就业和收入成果方面的有效性。

- 投资于示范计划，以检验对脱产成年工人进行再培训和再就业的创新理念。迄今为止，政策和计划在这一挑战上取得的成功有限。

- 改善劳动力市场信息，为求职者和招聘者提供支持。改造并投资于为下岗工人提供服务的传统"一站式"中心,同时创建在线数据库,提供有关工作机会的实时信息。继续开发各种模式,让工人能够轻松获得技能、能力和证书,并牢记求职援助是对有效教育和培训计划的补充而不是替代。
- 投资于开发和实地测试创新型培训的方法和工具。证据还表明,在线培训与面对面培训相结合效果最佳。支持包括实践学习在内的教学模式,可使用增强现实和虚拟现实技术。

提高工作质量

与其他国家一样,在美国,没有四年制大学学位的人越来越多地从事传统低薪服务工作,如餐饮服务、清洁和场地管理、保安、娱乐和休闲以及家庭保健助理。与其他高收入国家相比,从事这些职业的美国工人的境况更糟,他们的工资极低,工作时间不固定,几乎没有就业保障。他们很少有机会享受雇主提供的医疗保险、带薪家庭假或病假,以及假期。经购买力平价调整后,美国低薪工人的工资比加拿大低薪工人低26%。其实大可不必如此。以下措施将有助于为低薪工人提供适度的经济保障和社会福利。

- 将联邦最低工资的实际价值至少恢复到全美工资中位数的40%及以上,并将这一价值与通胀挂钩。地方政府应能像当前一样设定更高水平的最低工资标准。最低工资在提高处于美国收入分布低端的少数族裔工人的收入方面尤为有效。已有的最佳经济证据表明，精心调校的最低工资对就业的不利影响不大，甚至无法被察觉，但它们确实减少了家庭贫困。

- 革新失业保险福利，将其覆盖面扩大到传统上未被覆盖的工人。
  - ◆ 允许工人将最近的收入用于资格核定：2019年初，有37个州允许那些按传统核算方式不符合领取福利标准的工人使用更近时期的收入来证明其获取福利的资格。这一政策应在全美范围内推广。
  - ◆ 根据工时而不是收入来确定失业保险资格：目前，低工资工人的工作小时数必须高于高工资工人才有资格领取失业保险福利。华盛顿州已经实施了这一规定，所有州都应要求工人通过最低工时数而不是最低收入水平来获得领取失业保险福利的资格。
  - ◆ 取消要求失业者寻找全职工作的规定：无论是因为家庭责任还是工作性质，许多工人都从事兼职工作。任何失业工人，只要每周从事20小时或更长时间的兼职工作，并在其他方面符合领取失业保险福利的条件，都应被允许领取失业保险福利。
  - ◆ 改革部分失业保险福利：应当要求各州重新评估其部分失业保险福利的发放公式，以更好地保护失去大部分工时的工人，包括因失去第二份工作而失去工时的情况。在大多数州，收入减半的低薪工人目前无法获得任何失业保险福利。

- 加强和调整劳动法，并更好地执行这些法律。随着私人部门工会的萎缩，普通工人失去了为工资增长讨价还价的能力，无法实现与生产率增长相匹配的工资增长。工人代表制亟须创新，但与德国等国的情况不同，美国劳动法的规定阻碍了另类方法的发展。比如，在美国，工人在非工会企业中成立工作委员会是非法的，工人是否可以合法地进入企业董事会也尚不清楚。

  劳动力的关键部分，特别是家政工人和农业工人，被排除在集体谈判之外，这是新政时期种族政治的遗留问题。《全国劳资关系法案》自通过以来只修改过一次，而且还是被削弱，因此需要新的修订。美国需要在不削弱现有工会力量的情况下，建立新的集体谈判机构。为此，需要在三方面采取行动。

  ◆ 开放劳动法，允许在工作场所、企业决策和管理中创立新的代表形式。

  ◆ 制定法律保护措施，允许传统上不受保护的工人，如家政和家庭护理工人、农场工人和独立承包商组织起来，而不会面临遭到报复的风险。

  ◆ 加强法律，更有力地执行对工人的保护和程序，以获得集体谈判的机会。

扩大和形成创新

创新是创造就业和财富的关键，也是应对来自国外不断升级的竞争挑战的关键。美国需要制定一份创新议程，以创造社会效益，并以增强而非取代工人为目标。

如今，创新驱动增长带来的收益很少流向工人。我们应该引导创新，让所有利益相关者受益。事实清晰地表明，联邦政策在推动创新、促进经济增长、打造优质教育和研究以及推动新工作的创造方面有着重要的作用。但是，无论是相对于公共研发投资的历史水平，还是与德国和中国等国家相比，美国对创新的公共投入都在减少。

影响企业对工人和机器投资的税法也需要重新平衡。过去40年来的税法改革，使美国税收制度越来越倾向于补贴机器采购，而不是投资于工人。税收政策激励企业实现任务自动化，而如果没有税法的扭曲，这些任务本可以由工人完成。美国应该重新平衡税法，以调整技能发展、资本形成和研发投资方面的创新激励机制。以下是我们的具体建议。

- 增加联邦研发支出，并将其用于私人部门忽视的领域。私人部门在投资长期基础研究和追求解决技术带来的社会影响的创新方面缺乏动力。公共投资应重点关注技术和应用，以解决我们最紧迫的国家级问题，包括气候变化、人类健康和减贫问题。
- 制定国家级研究目标，通过以人为本的人工智能、协作机器人以及学习和教育科学等研究领域，提高人的能力，支持公平的劳动力市场。

- 为中小企业采用新技术提高生产率提供定向援助。探索联邦计划或部门（如国防部、美国国家标准与技术研究院）协助中小制造业企业进行技术升级的方式，也许可以借鉴"制造业拓展合作伙伴关系"计划和"美国制造业网络"计划（Manufacturing USA Network）。

- 扩大美国的创新地域。创新在地理上越来越集中。然而，美国的大学、企业家和工人等重要资产分散在全美各地。美国的创新议程应着眼于利用相对较少的资金和现有资产，将创新的好处扩散到更多的工人和地区。

- 通过改变目前税法过分偏向资本投资的各种方式，重新平衡资本税和劳动税。取消加剧这种不平衡的折旧免税额。

- 对包括S类公司在内的所有公司一视同仁地实施公司所得税。C类公司和S类公司不同的税收待遇导致了大量的税收套利行为，将劳动收入改头换面为可享受税收优惠的资本收入。扩大税基始终是提高税收最有效的方式。

- 在保留联邦研发税收抵免的同时，颁布一项与研发税收抵免类似的雇主培训税收抵免，专门投资于能获得外部认可证书的工人培训。

太多美国人担心，技术进步虽然会让国家变得更加富裕，但会威胁到他们的生计。

美国非凡的创新历史不是由恐惧或宿命论驱动的，而是由强烈的可能性意识（sense of possibility）驱动的。这些可能性依然存在。我们认为，在提高工人的经济安全与拥抱持续的技术变革和创新之间并不是非此即彼的关系，可以说，要实现后者，就必须确保前者。要同时实现这两个目标，既需要技术创新，也需要制度革新。

致谢

　　如果没有特别小组和麻省理工学院其他同事的贡献和不懈努力，本书很难完成。在两年多的时间里，他们的宝贵参与以及撰写的二十多份研究简报和最终报告，为本书奠定了基础，搭建了框架。除了特别小组，我们还要感谢顾问委员会和研究顾问委员会的指导、洞察力以及对这项研究的投入。特别感谢主编蒂姆·艾佩尔（Tim Aeppel）从始至终为本书提供无数的宝贵意见，斯隆管理学院的研究生吉赫·吉德（Jihye Gyde）为完成本书尽心尽职。我们还要感谢麻省理工学院华盛顿特区办事处主任戴维·戈德斯顿（David Goldston），感谢他参与讨论并为研究报告做出的卓越贡献。感谢"未来的工作"团队，感谢"未来的工作"团队副主任萨拉·简·马克斯特（Sarah Jane Maxted）给予特别小组的全力支持；感谢我们的宣传团队苏珊娜·平托（Suzanne Pinto）和斯蒂芬妮·科佩尼亚克（Stefanie Koperniak）；感谢我们出色的管理团队劳拉·吉尔德（Laura Guild）、安妮塔·卡夫卡（Anita Kafka）和乔迪·吉尔伯特（Jody Gilbert）。最后，我们要感谢加入特别小组的数十名学生和研究人员，他们和其他成员组成了一个思想活跃、令人愉快的团体，这个团体开展了一系列卓越的研究，提供了宝贵的洞见，给予了全程支持。他们致力于确保在未来的工作中把工人的福祉置于社会贡献的首位，这让我们深受鼓舞和启发。

注释

第一章 前言

①Josh Cohen, "Good Jobs," MIT Work of the Future Research Brief, RB11-2020.

第二章 劳动力市场和经济增长

①制度因素对于决定发明什么技术、如何应用这些技术以及如何分配这些技术起着至关重要的作用。参见 Angus Deaton, *The Great Escape: Health, Wealth, and the Origins of Inequality* (Princeton, NJ: Princeton University Press, 2013)。

②1973年摩西·芬利讨论奴隶制这一"特殊制度"时评论说:"在漫长的世界历史进程中,自由劳动、雇佣劳动是特殊的制度。"(Moses I. Finley: The Ancient Economy, Berkeley: University of California Press, 1973.)

③所谓更高的生产率,是指以更低的总成本完成同样的工作。目前,在进行数学标准运算时,人类不可能比计算机更具生产率,尽管一个世纪前并非如此。现在,计算机在运算方面的生产率更高,不仅因为它们速度更快,还因为它们比工人的工资更低。令人担忧的是,类似的情况将在越来越多的工作任务中发生。

④自2000年以来,美国就业人口占总人口的比重下降了数个百分点。美国人口老龄化是造成这一趋势的主要原因。老龄化趋势提高了即将退休或退休成年人的比例。当然,与一个世纪前相比,高收入国家的公民每年工作的

时间更少，休假更多，退休更早（相对于死亡年龄），这意味着他们愿意将增加的一部分收入用于休闲消费。参见 Stephanie Aaronson, Tomaz Cajner, Bruce Fallick, Felix Galbis-Reig, Christopher l. Smith, and William Wascher, "Labor Force Participation: Recent Developments and Future Prospects," *Brookings Papers on Economic Activity* 45, No. 2 (2014): 197 – 275. David h. Autor, "Why Are There Still So Many Jobs? The History and Future of Workplace Automation," *Journal of Economic Perspectives* 29, No. 3 (2015): 3 – 30。

⑤尽管从短期和中期来看，总就业肯定会下降，并对工人造成严重的不利影响。可参见 Daron Acemoglu and Pascual Restrepo, "Robots and Jobs: Evidence from U. S. Labor Markets," *Journal of Political Economy* 128, No. 6 (2019): 2188 – 2244。

⑥有关这些观点的理论解释和实证分析，请参见 Daron Acemoglu and Pascual Restrepo, "The Race between Man and Machine: Implications of Technology for Growth, Factor Shares, and Employment," *American Economic Review* 108, No. 6 (2018): 1488 – 1542. Daron Acemoglu and Pascual Restrepo, "Automation and New Tasks: How Technology Displaces and Reinstates Labor," *Journal of Economic Perspectives* 33, No. 2 (2019): 3 – 30. David Autor, Anna Salomons, and Bryan Seegmiller, "New Frontiers: The Origins and Content of New Work, 1940 – 2018," mimeo, MIT Department of Economics, 2020。

⑦为了绘制此图，Autor, Salomons and Seegmiller 在"新前沿"（New Frontier）一文中，将新工作纳入职业编码，并采用了美国人口普查局提供的 1940—2018 年的历史数据。

⑧请参见 Daniel P. Gross and Bhaven N. Sampat, "Inventing the Endless Frontier: The Effects of the World War II Research Effort on Post-War Innovation," NBER Working Paper 27375 (Cambridge, MA: National Bureau of Economic Research, 2020); Daniel P. Gross and Bhaven N. Sampat, "Organizing Crisis Innovation: Lessons from World War II," NBER Working Paper 27909 (Cambridge, MA: National Bureau of Economic Research, 2020)。

⑨请参见 Autor, Salomons and Seegmiller, "New Frontiers"。

⑩请参见 Christine Walley, "Robots as Symbol and Social Reality," MIT Work of the Future Research Brief, October 2020。

⑪约60%的国民收入用于支付工资和福利，参见 Federal Reserve Bank of St. Louis, Economic Research, https：//fred.stlouisfed.org/series/LABSHPUSA156NRUG。

⑫1973年10月，欧佩克大幅削减（"禁运"）石油产量，旨在惩罚于1973年赎罪日战争中支持以色列的国家。请参见 Daniel Yergin, *The Prize: The Epic Quest for Oil, Money & Power* (New York: Free Press, 2008)。

⑬由特别小组成员埃里克·布莱恩约弗森、塞斯·本泽尔（Seth Benzell）和丹尼尔·洛克（Daniel Rock）共同撰写的研究简报指出，虽然，蕴含巨大产业潜力的新兴技术无处不在，但是，近年来美国生产率的增速低得令人失望。1995—2005年，美国生产率年均增速为2.8%，自此之后，其增速不到此前的一半。尽管有人认为生产率增长放缓是测量误差所致，但查德·西维尔森（Chad Syverson）认为，测量误差并没有大到足以成为有力的解释，并给出了各种证据。请参见 Chad Syverson. "Challenges to Mismeasurement Explanations for the US Productivity Slowdown," *Journal of Economic Perspectives* 31, No. 2 (2017): 165 – 186。布莱恩约弗森等人也得出了类似的结论，研究表明，在生产率放缓以前，测量误差只会加深误解，导致对具体情况的认识更加混乱。具体请参见 Erik Brynjolfsson, Seth Benzell, and Daniel Rock, "Understanding and Addressing the Modern Productivity Paradox," MIT Work of the Future Research Brief 13 – 2020, November 10, 2020。

⑭讨论材料可参见 "Symposium: The Slowdown in Productivity Growth" 中收集的四篇论文，收录在 *Journal of Economic Perspectives* 4, No. 2 (Fall 1988): 3 – 97。

⑮报告的"实际"工资变化应被视为近似值，因为不可能用单一的生活费用指数来反映几十年来生活水平的所有变化。事实上，工人真实购买力中位数的增速很可能比这些数字显示的更快，这也意味着生产率增速很可能比这里所述的更快，实际工资停滞的时间或许更短，但是，这些并不能改变图2.4和图2.5描述的重要事实：过去40年，相对于生产率的提高，工资中位数基本停滞不前；女性收入增速高于男性；白人收入增速高于黑人或拉美裔。

⑯Edward P. Lazear, "Productivity and Wages: Common Factors and Idiosyncrasies across Countries and Industries," NBER Working Paper 26428 (Cambridge, MA: National Bureau of Economic Research, 2019)。

⑰图2.1来自 OECD，具体请参见 "Decoupling of Wages from Productivity:

What Implications for Public Policies?",收录在 *OECD Economic Outlook*,vol. 2018, No. 2。OECD 报告了 1995—2013 年的研究数据。

⑱工资不仅反映生产率,还决定了工人被使用的效率。例如,当最低工资较高时,雇主必须想方设法提高低薪工人的生产率,以证明较高的成本是合理的。我们并不是说大多数工资差异反映的是制度因素而非生产率差异。相反,我们认为生产率和工资差异是技能投资、技术投资和制度共同作用的结果。此外,技能和技术选择本身也受制度的影响,反之亦然。进一步的讨论,可参见 Brynjolfsson, Benzell and Rock, "Understanding and Addressing the Modern Productivity Paradox"; Acemoglu and Restrepo, "The Race between Man and Machine"。

⑲Florian Hoffmann, David S. Lee, and Thomas Lemieux, "Growing Income Inequality in the United States and Other Advanced Economies," *Journal of Economic Perspectives* 34, No. 4 (2020): 52 – 78.

⑳Marcus Stanley, "College Education and the Midcentury GI Bills," *Quarterly Journal of Economics* 118, No. 2 (2003): 671 – 708.

㉑David Autor, Claudia Goldin, and Lawrence F. Katz, "Extending the Race between Education and Technology," *AEA Papers and Proceedings* 110 (2020): 347 – 351.

㉒1979 年,在处于工资分布中位数的美国男性中,有 60% 属于高中及以下学历,只有 20% 拥有学士及以上学位。到 2018 年,在处于工资分布中位数的男性中,有 35% 的人获得了四年制大学学位,增幅高达 75%;只有三分之一的人是高中及以下学历。收入达到中位数的女性增幅更大,拥有四年制大学学位的比例提高了约两倍,从 13% 增长到 45%,而高中及以下学历的比例则从 68% 下降到 22%。此处统计的是,按性别当年小时工资分布处于 45~55 百分位上的工人。数据来自 Sarah A. Donovan and David H. Bradley, "Real Wage Trends, 1979 to 2018" (Washington, DC: Congress Research Service, 2019),第 35 页。

㉓请参见 Facundo Alvaredo, Lucas Chancel, Thomas Piketty, Emmanuel Saez, and Gabriel Zucman, eds., *World Inequality Report 2018* (Cambridge, MA: Belknap Press of Harvard University Press, 2018)。

㉔Brynjolfsson, Benzell, and Rock, "Understanding and Addressing the

Modern Productivity Paradox"; Thomas Piketty, Emmanuel Saez, and Stefanie Stantcheva, "Optimal Taxation of Top Labor Incomes: A Tale of Three Elasticities," *American Economic Journal: Economic Policy* 6, No. 1 (2014): 230 – 271; Josh Bivens and Lawrence Mishel, "The Pay of Corporate Executives and Financial Professionals as Evidence of Rents in Top 1 Percent Incomes," *Journal of Economic Perspectives* 27, no. 3 (2013): 57 – 78.

㉕请参见 Alvaredo et al., *World Inequality Report 2018*。英语国家包括澳大利亚、加拿大、爱尔兰、英国和美国。西欧国家包括法国、德国、意大利和西班牙。北欧国家包括丹麦、芬兰、荷兰、挪威和瑞典。在这些国家中，顶层1%人群的收入占比普遍不超过15%，一般要低得多（北欧不到10%）。虽然没有任何一个国家的顶层1%人群的收入占比能上升9个百分点，但英国接近这一水平。

㉖"American Inequality Reflects Gross Incomes as Much as Taxes," *Economist*, April 13, 2019.

㉗需要说明的是，这种下降并不完全是因为数字化。21世纪以来，国际贸易大大增加了中等技能生产和操作岗位的流失。请参见 David H. Autor, David Dorn, and Gordon H. Hanson, "The China Shock: Learning from Labor-Market Adjustment to Large Changes in Trade," *Annual Review of Economics*, 8, No. 1 (2016): 205 – 240。

㉘请参见第三章关于自动驾驶汽车的讨论，以及 John Leonard、David Mindell, and Erik Stayton. "Autonomous Vehicles, Mobility, and Employment Policy: The Roads Ahead," MIT Work of the Future Research Brief, July 22, 2020, https://workofthefuture.mit.edu/research-post/autonomous-vehicles-mobility-and-employment-policy-the-roads-ahead。

㉙US Bureau of Labor Statistics, Employment Projections, Table 1.4: Occupations with the Most Job Growth, 2019 and Projected 2029. https://www.bls.gov/emp/tables/occupations-most-job-growth.htm.

㉚该列表中后四种职业也很能说明问题：办公室文员，行政秘书和行政助理，检验员、测试员、分拣员、取样员和称重员，以及簿记、会计和审计文员。

㉛虽然这些预测应被理解为有根据的猜测，但美国劳工统计局在预测大

类职业的就业趋势方面有良好的记录。请参见 Andrew Alpert and Jill Auyer, "Evaluating the BLS 1988 – 2000 Employment Projections," *Monthly Labor Review*（October 2003）：13 – 37。

㉜因人口老龄化,2016—2026 年美国医疗保健职业的就业预计增长 18%,将增加 240 万个工作岗位,比总就业增幅多出 7 倍不止。请参见 Mercedes Delgado and Karen G. Mills, "The Supply Chain Economy: A New Industry Categorization for Understanding Innovation in Services," *Research Policy* 49, No. 8（October 2020）。

㉝Ari Bronsoler, Joseph Doyle, and John Van Reenen, "The Impact of New Technology on the Healthcare Workforce: A White Paper," MIT Work of the Future Research Brief, October 2020.

㉞"Measuring and Assessing Job Quality: The OECD Job Quality Framework," In *OECD Social, Employment and Migration Working Papers*, vol. 174, December 18, 2015.

㉟为便于比较,OECD 将低技能工人定义为高中及以下学历的劳动者,将中等技术工人定义为已完成中等教育（即高中）的工人,在对中等技术工人的就业质量进行比较时,美国在 21 个国家中排第十位,第十一至第十四位分别是英国、日本、芬兰和加拿大,第六至第九位分别是韩国、捷克共和国、葡萄牙和爱尔兰（https：//stats. oecd. org/Index. aspx? QueryId = 82334）。

㊱Jérôme Gautié and John Schmitt, *Low Wage Work in Wealthy Countries*（New York: Russell Sage Foundation, 2009）, https：//www. russellsage. org/publications/low-wage-work-wealthy-world.

㊲Nicholas Kristof, "McDonald's Workers in Denmark Pity Us," *New York Times*, May 8, 2020.

㊳席卷全球的新冠疫情让大家注意到各国的公共福利差异。如丹麦人人享有医疗保健和带薪病假,且该福利是由公共部门提供的,而非像美国那样由雇主提供。

㊴2015 年,只有六分之一未受过大学教育的白人居住在密度最高的四分位城市通勤区,拉美裔的这一比例为四分之一,黑人的这一比例约为三分之一（29%）。换言之,许多少数族裔工人身处美国劳动力市场不断衰退的城市中间地带。从积极方面看,黑人和拉美裔大学毕业生在密度最高的四分位

城市劳动力市场中占比较高。拉美裔和黑人大学毕业生占比分别为34%和35%，而白人是26%。

㊵更令人鼓舞的是，在大多数大学毕业生亚群体（subgroups）中，两极分化的高薪和低薪职业就业率都有所上升。然而，黑人男性大学生是一个例外。他们在中薪职业中的就业率下降了7个百分点，而低薪就业率则上升了近5个百分点。因此，即便受教育程度很高，但他们在城市劳动力市场的职业流动性要比在非城市劳动力市场低。残酷的现实与埃洛拉·德雷农考特的研究结果一致。他指出，大迁徙后，城市黑人向上流动的情况恶化了。拉贾·切蒂等人也得出类似的结论，他们记录了在美国城市贫困社区长大的黑人男性在劳动力市场上异常糟糕的境况。请分别参见 Ellora Derenoncourt, "Can You Move to Opportunity? Evidence from the Great Migration," Princeton University Working Paper, December 2019. Raj Chetty, Nathaniel Hendren, Maggie R. Jones, and Sonya R. Porter. "Race and Economic Opportunity in the United States: An Intergenerational Perspective," *Quarterly Journal of Economics* 135, No. 2 (2020): 711–783。

㊶我们注意到，图 2.9 展示了不同人口组别的城市工资相对于非城市工资的变化情况。未受过大学教育的工人的工资溢价急剧下降，这可能反映了此类工人的城市工资在下降，或者他们的非城市工资在上升，或两者兼而有之。

㊷Loukas Karabarbounis and Brent Neiman, "The Global Decline of the Labor Share," *Quarterly Journal of Economics* 129, No. 1 (2014): 61–103.

㊸相关讨论请参见 Charles I. Jones and Paul M. Romer, "The New Kaldor Facts: Ideas, Institutions, Population, and Human Capital," *American Economic Journal: Macroeconomics* 2, No. 1 (January 2010): 224–245。

㊹托马斯·菲利庞的著作《大逆转：美国市场经济的深层困境》最有力地证明了这一点。请参见 Thomas Philippon, *The Great Reversal: How American Gave Up on Free Markets* (Cambridge, MA: Belknap Press of Harvard University Press, 2019)。

㊺有关市场势力上升与劳动份额下降之间关系的证据，请参见 Jan De Loecker, Jan Eeckhout, and Gabriel Unger, "The Rise of Market Power and the Macroeconomic Implications," *Quarterly Journal of Economics* 135, No. 2 (January

23，2020）：561 – 644。

㊻托马斯·菲利庞在《大逆转：美国市场经济的深层困境》一书中认为，大多数国家并未放松反垄断政策，并质疑关于大多数国家劳动份额下降的论点。后一论点的相关证据，请参见 Germán Gutiérrez and Sophie Piton, "Revisiting the Global Decline of the (Non-Housing) Labor Share," *American Economic Review: Insights* 2, No. 3 (2020): 321 – 338。

㊼Michael W. L. Elsby, Bart Hobijn, and Ayşegül Şahin, "The Decline of the U. S. Labor Share," *Brookings Papers on Economic Activity* 2013, No. 2 (2013): 1 – 63. David Autor and Anna Salomons, "Is Automation Labor Share-Displacing? Productivity Growth, Employment, and the Labor Share," *Brookings Papers on Economic Activity* 2018, no. 1 (2018): 1 – 87; and Acemoglu and Restrepo, "Robots and Jobs."

㊽Daron Acemoglu, Claire LeLarge, and Pascual Restrepo, "Competing with Robots: Firm-Level Evidence from France," NBER Working Paper 26738 (Cambridge, MA: National Bureau of Economic Research, February 2020).

㊾最近的两篇论文报告了这一发现。David Autor, David Dorn, Lawrence F. Katz, Christina Patterson, and John Van Reenen, "The Fall of the Labor Share and the Rise of Superstar Firms," *Quarterly Journal of Economics* 135, No. 2 (May 1, 2020): 645 – 709. Matthias Kehrig and Nicolas Vincent, "The Micro-Level Anatomy of the Labor Share Decline," NBER Working Paper 25275 (Cambridge, MA: National Bureau of Economic Research, rev. October 2020).

㊿Abhijit V Banerjee and Esther Duflo, "Inequality and Growth: What Can the Data Say?" *Journal of Economic Growth* 8, No. 3 (2003): 267 – 299.

[51]Raj Chetty, David Grusky, Maximilian Hell, Nathaniel Hendren, Robert Manduca, and Jimmy Narang, "The Fading American Dream: Trends in Absolute Income Mobility Since 1940," *Science* 356, No. 6336 (2017): 398 – 406.

[52]英国和丹麦相应的数值分别为9%和11.7%。

[53] Lawrence F. Katz and Alan B. Krueger, "Documenting Decline in U. S. Economic Mobility," *Science* 356, No. 6336 (2017): 382 – 383, https://doi.org/10.1126/science.aan3264.

[54]Bart Van Ark, Mary O'Mahoney, and Marcel P. Timmer, "The Productivity

Gap between Europe and the United States: Trends and Causes," *Journal of Economic Perspectives* 22, no. 1 (2008): 25 – 44. https://www.aeaweb.org/articles? id = 10.1257/jep.22.1.25.

(55) Brynjolfsson, Benzell, and Rock, "Understanding and Addressing the Modern Productivity Paradox."

(56) Philippe Aghion, Ufuk Akcigit, Antonin Bergeaud, Richard Blundell, and David Hemous, "Innovation and Top Income Inequality," *Review of Economic Studies* 86, No. 1 (2019): 1 – 45.

(57) 事实上，我们可以提出更明确的论点：必须为绝大多数公民提供平等机会，并保持经济流动，以维护民主自由市场体系赖以建立的公众共识。

(58) Brynjolfsson, Benzell, and Rock, "Understanding and Addressing the Modern Productivity Paradox."

(59) David Autor, David Dorn, Gordon Hanson, and Kaveh Majlesi, "Importing Political Polarization? The Electoral Consequences of Rising Trade Exposure," *American Economic Review* 110, No. 10 (2020): 3139 – 3183.

(60) Barry Naughton, *The Chinese Economy: Transitions and Growth* (Cambridge, MA: MIT Press, 2007).

(61) 关于制度差异在工资中位数及以下工人的不平等中发挥关键作用的更多证据，请参见 Stijn Broecke, Glenda Quintini, and Marieke Vandeweyer, "Wage Inequality and Cognitive Skills: Reopening the Debate," in *Education, Skills, and Technical Change: Implications for Future US GDP Growth*, ed. Charles R. Hulten and Valerie A. Ramey, vol. 77 of *Studies in Income and Wealth* (Chicago: University of Chicago Press, 2018)。

(62) Lawrence Mishel, Lynn Rhinehart, and Lane Windham, "Explaining the Erosion of Private-Sector Unions," Economic Policy Institute, October 2020.

(63) David H. Autor, Alan Manning, and Christopher L. Smith, "The Contribution of the Minimum Wage to US Wage Inequality over Three Decades: A Reassessment," *American Economic Journal: Applied Economics* 8, No. 1 (2016): 58 – 99. Doruk Cengiz, Arindrajit Dube, Attila Lindner, and Ben Zipperer. "The Effect of Minimum Wages on Low-Wage Jobs," *Quarterly Journal of Economics* 134, No. 3 (2019): 1405 – 1454. Ellora Derenoncourt and Claire Montialoux, "Mini-

mum Wages and Racial Inequality," *Quarterly Journal of Economics* 136, No. 1 (2021): 169 – 228. Ellora Derenoncourt, and Claire Montialoux, "Opinion: To Reduce Racial Inequality, Raise the Minimum Wage," *New York Times*, October 25, 2020.

(64)David Weil, *The Fissured Workplace: Why Work Became So Bad for So Many and What Can Be Done to Improve It* (Cambridge: Harvard University Press. 2014).

(65)Christine Walley, "Robots as Symbol and Social Reality," MIT Work of the Future Research Brief 10 – 2020, October 29, 2020; Steven Greenhouse, *Beaten Down, Worked Up: The Past, Present, and Future of American Labor* (New York: Knopf, 2019).

第三章　技术和创新

①Christine J. Walley, "Robots as Symbols and Social Technology," MIT Work of the Future Research Brief 10 – 2020, October 29, 2020.

②Thomas M. Malone, Daniela Rus, and Robert Laubacher, "Artificial Intelligence and the Future of Work," MIT Work of the Future Research Brief 17 – 2020, December 17, 2020.

③Ari Bronsoler, Joseph Doyle, and John Van Reenen, "The Impact of New Technology on the Healthcare Workforce," MIT Work of the Future Research Brief 09 – 2020, October 26, 2020.

④Erik Brynjolfsson, Seth Benzell, and Daniel Rock, "Understanding and Addressing the Modern Productivity Paradox," MIT Work of the Future Research Brief 13 – 2020, November 10, 2020.

⑤Malone, Rus, and Laubacher, "Artificial Intelligence and the Future of Work."

⑥Rodney Brooks, "Steps toward Super Intelligence II, Beyond the Turing Test," [FoR&AI] (blog), July 15, 2018, https://rodneybrooks.com/forai-steps-toward-super-intelligence-ii-beyond-the-turing-test.

⑦Elisabeth Reynolds and Anna Waldman-Brown, "Digital Transformation in a White-Collar Firm: Implications for Workers across a Continuum of Jobs and

Skills," MIT Work of the Future Working Paper, 2021.

⑧Bronsoler, Doyle, and Van Reenen, "The Impact of New Technology on the Healthcare Workforce."

⑨Paul Osterman, *Who Will Care for Us? Long-Term Care and the Long-Term Workforce* (New York: Russell Sage Foundation, 2017).

⑩Margot Sanger-Katz, "Why 1.4 Million Health Jobs Have Been Lost during a Huge Health Crisis," *New York Times*, May 10, 2020, B4.

⑪Nicholas Bloom, Renata Lemos, Raffaella Sadun, and John Van Reenen, "Healthy Business? Managerial Education and Management in Health Care," *Review of Economics and Statistics* 102, no. 3 (2020): 506 – 517.

⑫Richard Hillestad, James Bigelow, Anthony Bower, Federico Girosi, Robin Meili, Richard Scoville, and Roger Taylor, "Can Electronic Medical Record Systems Transform Health Care? Potential Health Benefits, Savings, and Costs," *Health Affairs* 24, No. 5 (2005): 1103 – 1117.

⑬Arthur L. Kellermann and Spencer S. Jones, "What It Will Take to Achieve the As-Yet-Unfulfilled Promises of Health Information Technology," *Health Affairs* 32, No. 1 (2013): 63 – 68.

⑭Zeng Xiaoming, "The Impacts of Electronic Health Record Implementation on the Health Care Workforce," *North Carolina Medical Journal* 77, no. 2 (2016): 112 – 114.

⑮John J. Leonard, David A. Mindell, and Erik L. Stayton, "Autonomous Vehicles, Mobility, and Employment Policy: The Roads Ahead," MIT Work of the Future Research Brief 02 – 2020, July 22, 2020, https://workofthefuture.mit.edu/research-post/autonomous-vehicles-mobility-and-employment-policy-the-roads-ahead.

⑯关于采用电动汽车及其就业影响的最新估算模型的综述，请参见 Anuraag Singh, "Modeling Technological Improvement, Adoption, and Employment Effects of Electric Vehicles: A Review," MIT Work of the Future Working Paper, forthcoming, http://dx.doi.org/10.2139/ssrn.3859496。

⑰Leonard, Mindell, and Stayton, "Autonomous Vehicles, Mobility, and Employment Policy."

⑱Erica L. Groshen, Susan Helper, John Paul MacDuffie, and Charles Carson, "Preparing U. S. Workers and Employers for an Autonomous Vehicle Future" (Kalamazoo, MI: W. E. Upjohn Institute, June 1, 2018).

⑲David A. Mindell, *Our Robots, Ourselves: Robotics and the Myths of Autonomy* (New York: Viking Penguin, 2015).

⑳Russell Glynn, Mario Goetz, and Kevin X. Shen, "Avenues of Institutional Change: Technology and Urban Mobility in Southeast Michigan," MIT Work of the Future Working Paper 08 – 2020, December 11, 2020.

㉑Glynn, Goetz, and Shen, "Avenues of Institutional Change."

㉒Arshia Mehta and Frank Levy, "Warehousing, Trucking, and Technology: The Future of Work in Logistics," MIT Work of the Future Research Brief, September 8, https: // workofthefuture. mit. edu/research-post/warehousing.

㉓Mehta and Levy, "Warehousing, Trucking, and Technology."

㉔Bridget McCrea, "Reader Survey: There's No Stopping Warehouse Automation," Logistics Management, July 23, 2020, https: //www. logisticsmgmt. com/article/theres_ no_ stopping_ warehouse_ automation_ covid_ 19.

㉕Mehta and Levy, "Warehousing, Trucking, and Technology."

㉖从形式上看，这意味着产品发生了变化，而不是生产率本身下降了：仓储公司的传统业务并没有变差，只是现在要求它们做一些难度更高的事情。

㉗Mehta and Levy, "Warehousing, Trucking, and Technology."

㉘Lindsay Sanneman, Christopher Fourie, and Julie Shah, "The State of Industrial Robotics: Emerging Technologies, Challenges and Key Research Directions," MIT Work of the Future Research Brief, RB15 – 2020.

㉙Sanneman, Fourie, and Shah, "The State of Industrial Robotics," 28.

㉚Susan Helper, Elisabeth Reynolds, Daniel Traficonte, and Anuraag Singh. "Factories of the Future: Technology, Skills, and Innovation at Large Manufacturing Firms," MIT Work of the Future Research Brief, 2021.

㉛Susan Helper, Raphael Martins, and Robert Seamans, "Who Profits from Industry 4. 0? Theory and Evidence from the Automotive Industry," *SSRN Electronic Journal*, January 2019, 10. 2139/ssrn. 3377771.

㉜Helper, Reynolds, Traficonte, and Singh, "Factories of the Future," 4.

㉝Suzanne Berger, Lindsay Sanneman, Daniel Traficonte, Anna Waldman-Brown, and Lukas Wolters, "Manufacturing in America: A View from the Field," MIT Work of the Future Research Brief, 2020.

㉞Sanneman, Fourie, and Shah, "The State of Industrial Robotics."

㉟Anna Waldman-Brown, "Redeployment or Robocalypse? Workers and Automation in Ohio Manufacturing SMEs," *Cambridge Journal of Regions*, *Economy and Society* 13, No. 1, (2020): 99–115.

㊱Haden Quinlan and John Hart, "Additive Manufacturing: Implications for Technological Change, Workforce Development, and the Product Lifecycle," MIT Work of the Future Research Brief, November 2020.

㊲从经济学的角度看,这取决于行业产出的需求是有弹性还是缺乏弹性,即价格下降带来的是更大比例还是更小比例的需求增加。

第四章 教育和培训:找到好工作的路径

①David Autor, "Skills, Education, and the Rise of Earnings Inequality among the 'Other 99 percent,'" *Science* 344, No. 6186 (2014): 843–851.

②David Autor, David Mindell, and Elisabeth Reynolds, "The Work of the Future: Building Better Jobs in an Age of Intelligent Machines," MIT Work of the Future, 2020.

③Christopher Avery and Sarah Turner. "Student Loans: Do College Students Borrow Too Much—Or Not Enough?" *Journal of Economic Perspectives* 26, No. 1 (2012): 165–192.

④Seth D. Zimmerman, "The Returns to College Admission for Academically Marginal Students," *Journal of Labor Economics* 32, No. 4 (2014): 711–754.

⑤遗憾的是,绘制图2.2的人口调查历史数据,在大部分调查时间段内并没有区分两年制学位获得者和上过两年制或四年制大学课程却没有获得学位的人。这种不经意的混淆可能会掩盖两年制学位带来的收入上升。

⑥Clive Belfield and Thomas Bailey, "The Labor Market Returns to Sub-Baccalaureate College: A Review. A CAPSEE Working Paper" (New York: Center for Analysis of Postsecondary Education and Employment, 2017).

⑦Anne Huff Stevens, Michal Kurlaender, and Michel Grosz. "Career Technical Education and Labor Market Outcomes: Evidence from California Community Colleges." *Journal of Human Resources*, 54, No. 4 (2019): 986-1036. Christopher Jepsen, Kenneth Troske, and Paul Coomes, "The Labor-Market Returns to Community College Degrees, Diplomas, and Certificates," *Journal of Labor Economics* 32, no. 1 (2014): 95-121.

⑧正如相关学者解释的,社区学院是一个多样化的机构,为个人提供多种增强人力资本的机会。社区学院可提供毕业证、学位和合格证书三种类型的证明。其中,合格证书主要颁发给技术专业人士,通常需要一到两个学期的课程学习。例如,医疗记录编码专家、IT网络管理员、汽车修理工和电工。毕业证通常需要一年以上的学习,在技术领域也最为常见,如外科技术、会计和执业护士。副学士学位最多要求获得60~76个学分,具体取决于学习领域。副学士学位课程与四年制大学前两年的课程有很多共同之处,包括人文和通识教育课程,以及针对特定职业的课程,如执业护士。副学士学位的学分一般可转入四年制大学,以攻读学士学位。参见Jepsen, Troske and Coomes, "The Labor-Market Return"。

⑨Stevens, Kurlaender, and Grosz, "Career Technical Education and Labor Market Outcomes."

⑩下一节的内容主要来自 Lawrence F. Katz, Jonathan Roth, Richard Hendra, and Kelsey Schaberg, "Why Do Sectoral Employment Programs Work? Lessons from WorkAdvance," NBER Working Paper 28248 (Cambridge, MA: National Bureau of Economic Research, December 2020)。

⑪David Deming, "The Growing Importance of Social Skills in the Labor Market," *Quarterly Journal of Economics* 132, No. 4 (2017): 1593-1640.

⑫Paul Osterman, "Skill Training for Adults," MIT Work of the Future Research Brief, 2020.

⑬Thomas J. Kane and Cecilia E. Rouse, "Labor-Market Returns to Two- and Four-Year College: Is a Credit a Credit and Do Degrees Matter?" *American Economic Review* 85, No. 3 (1995): 600-614. Christopher Jepsen, Kenneth Troske, and Paul Coomes. "The Labor-Market Returns to Community College Degrees, Diplomas, and Certificates," *Journal of Labor Economics* 32, No. 1 (January 1, 2014): 95-121.

⑭Susan Scrivener, Michael J. Weiss, Alyssa Ratledge, Timothy Rudd, Colleen Sommo, and Hannah Fresques, "Doubling Graduation Rates: Three-Year Effects of CUNY's Accelerated Study in Associate Programs (ASAP) for developmental Education Students," SSRN Scholarly Paper (Rochester, NY: Social Science Research Network, 2015).

⑮Eli Zimmerman, "Major Companies Partner with Colleges for Education Opportunities in Emerging Tech," *EdTech: Focus on Higher Education*, 2018.

⑯M. Cormier, L. Pellegrino, T. Brock, H. Glatter, R. Kazis, and J. Jacobs, "Automation and Technological Changes in the Workplace: Implications for Community College Workforce Training Programs," Columbia University, Teachers College, Community College Research Center, forthcoming.

⑰Osterman, "Skill Training for Adults."

⑱Katz, Roth, Hendra, and Schaberg, "Why Do Sectoral Employment Programs Work?"

⑲请参见 Marianne Bertrand, Magne Mogstad, and Jack Mountjoy, "Improving Educational Pathways to Social Mobility: Evidence from Norway's 'Reform 94'" (*Journal of Labor Economics*, forthcoming), 该文讨论了高中职业教育: 在美国, 高中职业教育有一段颇具争议的历史, 主要是因为虽然教授了简单实用的职业技能, 但有可能使最弱势的学生无法获得通用学术课程提供的教育和职业灵活性。

⑳有关该模式和其他新的授课模式的实例, 请参见 William B. Bonvillian, Sanjay Sarma, Meghan Perdue, and Jenna Myers, *The Workforce Education Project Preliminary Report*, MIT Office of Open Learning, April 2020。

㉑Robert Lerman, "Scaling Apprenticeships to Increase Human Capital," in *Expanding Economic Opportunity for More Americans*, ed. Melissa Kearney and Amy Ganz (Washington, DC: Aspen Institute, February, 2019), 56–75.

㉒Kathleen Thelen and Christian Lyhne Ibsen, "Growing Apart: Efficiency and Equality in the German and Danish VET Systems," MIT Work of the Future Research Brief, October 2020.

㉓US Department of Education, National Center for Education Statistics, "Post-Secondary Institution Expenses," May 2020, https://nces.ed.gov/programs/coe/indicator_ cue. asp.

㉔此示例的详细信息，以及美国劳动力教育和培训体系提供的新模式等相关概述，请参见 William B. Bonvillian and Sanjay E. Sarma，*Workforce Education：A New Roadmap*.（Cambridge，MA：MIT Press，2021）。

㉕有关 FCA 的详细信息，请参阅以下新闻报道：Breana Noble，FCA Has hired 4 100 Detroit Residents for Its New Detroit Assembly Complex，*Detroit News*，October 21，2020，https：//www.detroitnews.com/story/business/autos/chrysler/2020/10/21/detroiters-filling-half-available-jobs-fcas-new-assembly-plant/6004528002。

㉖有关这些计划的综述，请参见 Osterman，"Skill Training for Adults"。

㉗A. Clochard-Bossuet and G. Westerman，"Understanding the Incumbent Workers' Decision to Train：The Challenges Facing Less Educated Workers，"MIT Work of the Future Working Paper，2020.

㉘Fei Qin and Thomas Kochan，"The Learning System at IBM：A Case Study，"draft report，MIT Sloan School of Management，December 2020.

㉙本节相关引用请参见 Osterman，"Skill Training for Adults"。

㉚Paul Osterman，"How Americans Obtain Their Work Skills，"MIT Sloan School Working Paper，2020.

㉛有关各利益相关方围绕技能开发进行跨州合作的实例，请参见大华盛顿地区合作伙伴关系（Greater Washington Partbership）的网站：http：//www.greaterwashingtonpartnership.com。

㉜欲了解更多支持工人的地区合作伙伴关系的例子，包括利用雇主参与技术来塑造工作场所技术变革的例子，请参见 Nichola Lowe，*Putting Skill to Work：How to Create Good Jobs in Uncertain Times*（Cambridge，MA：MIT Press，2021）。

㉝"制造业拓展合作伙伴关系"计划利用其全国网络进行在线调查和小组访谈（focus group），得出的结论是，企业并不经常要求或使用证书。这一结论与 2012 年和 2013 年进行的一项全国抽样调查相一致。该调查发现，只有 7.4% 的制造业企业肯定地回答了这个问题："您在雇用核心员工时，是否使用规范的行业技能证书系统，如行业协会或国家测试服务机构提供的系统？"请参见 Osterman，"Skill Training for Adults"。

㉞美国商会基金会最近提出了一项关于创建学习和履历档案（Learning and Experience Record）的建议。参见美国商会、美国劳动力政策咨询委员会网页：https：//www. commerce. gov/americanworker/american-workforce-policy-advisory-board。

㉟Alistair Fitzpayne and Ethan Pollack, "Lifelong Learning and Training Accounts: Helping Workers Adapt and Succeed in a Changing Economy" (New York: Aspen Institute Future of Work Initiative, May 2018), 1 – 12.

㊱David J. Deming, Claudia Goldin, and Lawrence F. Katz, "The For-Profit Postsecondary School Sector: Nimble Critters or Agile Predators?" *Journal of Economic Perspectives* 26, No. 1 (2012): 139 – 164. David J. Deming, Noam Yuchtman, Amira Abulafi, Claudia Goldin, and Lawrence F. Katz. "The Value of Postsecondary Credentials in the Labor Market: An Experimental Study," *American Economic Review* 106, No. 3 (2016): 778 – 806.

㊲Doug Lederman, "Online Is (Increasingly) Local," *Inside Higher Ed*, June 5, 2019, https：//www. insidehighered. com/digital-learning/article/2019/06/05/annual-survey-shows-online-college-students-increasingly? utm _ source = naicu.

㊳Dhawal Shah, "Year of MOOC-Based Degrees: A Review of MOOC Stats and Trends in 2018," Class Central, January 6, 2019, https：//www. classcentral. com/report/moocs-stats-and-trends-2018.

㊴Sanjay Sarma and William B. Bonvillian, "Applying New Education Technologies to Meet Workforce Education Needs," MIT Work of the Future Research Brief, October 2020.

第五章　工作质量

①请参见未来工作特别小组的最终报告：David Autor, David A. Mindell, and Elisabeth B. Reynolds, "The Work of the Future: Building Better Jobs in an Age of Intelligent Machines," MIT Work of the Future, 2020, figure 7。

②Tavneet Suri, "Universal Basic Income: What Do We Know?" MIT Work of the Future Research Brief, 2020.

③Katharine G. Abraham, Susan Houseman, and Christopher J. O'Leary, Extending Unemployment Insurance Benefits to Workers in Precarious and Nonstandard Arrangements," MIT Work of the Future Research Brief, November 2020.

④Chris O'Leary and Stephen A. Wandner, "An Illustrated Case for Unemployment Insurance Reform," Upjohn Institute Working Paper 19 – 317, 2020.

⑤以下群体免于联邦最低工资限制：(1) 白领雇员；(2) 受雇于小农场的农场工人；(3) 季节性娱乐雇员；(4) 老年人陪护员。以下群体的工资可能会低于最低工资标准：(1) 残疾工人；(2) 全日制学生；(3) 年龄在 20 岁以下，在首个连续工作 90 天的雇佣期内；(4) 收小费的雇员；(5) 在校生；(6) 学徒；以及 (7) 邮差。目前，联邦设定的最低非小费工资为每小时 7.25 美元，小费工资为每小时 2.13 美元。请参阅 US Department of Labor, https：//www. dol. gov/agencies/whd/minimum-wage/faq。

⑥Doruk Cengiz, Arindrajit Dube, Attila Lindner, and Ben Zipperer, "The Effect of Minimum Wages on Low-Wage Jobs," *Quarterly Journal of Economics* 134, No. 3 (2019)：1405 – 1454.

⑦我们在这里并没有设定一个最低工资标准的数值，但有研究为最低工资标准的门槛值选择提供了参考。请参见 Arindrajit Dube, "Impacts of Minimum Wages：Review of the International Evidence," Report prepared for Her Majesty's Treasury (UK), November 2019。

⑧Daniel Aaronson, "Price Pass-Through and the Minimum Wage," *Review of Economics and Statistics* 83, No. 1 (2001)：158 – 169. Christian Dustmann, Attila Lindner, Uta Schönberg, and Matthias Umkehrer, "Reallocation Effects of the Minimum Wage," CReAM Discussion Paper CDP 07/20 (London：Centre for Research and Analysis of Migration, University College London, February 2020).

⑨1993 年联邦《家庭假和病假法案》要求符合条件的雇主（一般拥有 50 名及以上员工的企业）为员工提供有保护的工作、符合条件的医疗以及因照顾家庭带来的无薪假期。

⑩2015 年，OECD 根据提供给低薪工人的经济保障进行排名，美国在 29 个国家中排在第 22 位。榜单中最有保障的国家是卢森堡、韩国和奥地利，最没有保障的国家是拉脱维亚、爱沙尼亚和斯洛伐克共和国。仅有两个西欧国家的排名低于美国，分别是爱尔兰和西班牙，排在第 23 位和第 24 位（参阅 https：//stats. oecd. org/Index. aspx? QueryId = 82334）。

⑪Paul Osterman, *Who Will Care for Us? Long-Term Care and the Long-Term Workforce* (New York: Russell Sage Foundation, 2017).

⑫ "Home Health and Personal Care Aides" and "Nursing Assistants and Orderlies" in *Occupational Outlook Handbook*, https://www.bls.gov/ooh/healthcare/home-health-aides-and-personal-care-aides.htm and https://www.bls.gov/ooh/healthcare/nursing-assistants.htm.

⑬ "In Advanced and Emerging Economies Alike, Worries about Job Automation," *Global Attitudes & Trends Project* (blog), Pew Research Center, September 13, 2018. https://www.pewresearch.org/global/2018/09/13/in-advanced-and-emerging-economies-alike-worries-about-job-automation.

⑭Business Roundtable, "Statement on the Purpose of a Corporation," August, 2019. https://opportunity.businessroundtable.org/wp-content/uploads/2019/08/Business-Roundtable-Statement-on-the-Purpose-of-a-Corporation-with-Signatures.pdf.

⑮Ellora Derenoncourt, Clemens Noelke, and David Weil, "Spillover Effects from Voluntary Employer Minimum Wages," paper presented at NBER Labor Studies Summer Institute, July 2020.

⑯Paul Osterman, "In Search of the High Road: Meaning and Evidence," *ILR Review* 71, No.1 (January 2018): 3–34.

⑰Binyamin Appelbaum, "50 Years of Blaming Milton Friedman. Here's Another Idea," *New York Times*, September 18, 2020, sec. Opinion.

⑱具体例子，请参见 James A. Schmitz Jr., "What Determines Productivity? Lessons from the Dramatic Recovery of the US and Canadian Iron Ore Industries Following Their Early 1980s Crisis," *Journal of Political Economy* 113, No.3 (June 2005): 582–625。

⑲2018年皮尤调查数据显示，51%的美国人认为工会会员人数长期下降是坏事，35%的人认为是好事。在倾向于民主党的群体中，68%认为是坏事，21%认为是好事。在倾向于共和党的群体中，认为是坏事和好事的比例分别为53%和34%。Hannah Fingerhut, "More Americans View Long-Term Decline in Union Membership Negatively Than Positively," *FactTank* (blog), Pew Research Center, June 5, 2018, https://www.pewresearch.org/fact-tank/2018/06/05/more-americans-view-long-term-decline-in-union-member ship-negatively-than-positively.

⑳Thomas A. Kochan, Duanyi Yang, William T. Kimball, and Erin L. Kelly, "Worker Voice in America: Is There a Gap between What Workers Expect and What They Experience?" *ILR Review* 72, No. 1 (2019): 3–38. Alexander Hertel-Fernandez, William T. Kimball, and Thomas A. Kochan, "What Forms of Representation Do American Workers Want? Implications for Theory, Policy, and Practice," *ILR Review*, September 2020.

㉑Gabriel Nahmias, "Innovations in Collective Action in the Labor Movement: Organizing Workers beyond the NLRA and the Business Union," Work of the Future Working Paper No. 13, 2021.

㉒2018年13.8%的黑人和11.5%的白人工人是工会代表。拉美裔工人只有10.1%是工会代表。请参见劳工统计局经济新闻稿，2020年1月22日，表1，https://www.bls.gov/news.release/union2.nr0.htm。

㉓Nahmias, "Innovations in Collective Action in the Labor Movement."

㉔Thomas Kochan, "Worker Voice, Representation, and Implications for Public Policies," MIT Work of the Future Research Brief, July 8, 2020, 2, https://workofthefuture.mit.edu/research-post/worker-voice-representation-and-implications-for-public-policies。

㉕《全国劳资关系法案》有具体规定，鼓励短期雇佣或兼职情形下的雇主与雇员间可以进行集体谈判，但这些规定仅限于建筑业。

第六章 支持创新的制度

①A. Hunter Dupree, *Science in the Federal Government: A History of Policies and Activities to* 1940 (Cambridge, MA: Belknap Press of Harvard University Press, 1957); Merritt Roe Smith, *Harpers Ferry Armory and the New Technology: The Challenge of Change* (Ithaca, NY: Cornell University Press, 2015); Alfred D. Chandler, *The Visible Hand: The Managerial Revolution in American Business* (Cambridge, MA: Belknap Press of Harvard University Press, 1977); David Hounshell, *From the American System to Mass Production*, 1800–1932: *The Development of Manufacturing Technology in the United States* (Baltimore, MD: Johns Hopkins University Press, 1985).

②National Research Council, *Funding a Revolution: Government Support for Computing Research*. (Washington, DC: National Academy Press, 1999); Alex Roland and Philip Shiman, *Strategic Computing: DARPA and the Quest for Machine Intelligence*, 1983–93 (Cambridge, MA: MIT Press, 2002); Arthur Norberg, Judy O'Neill, and Kerry Freedman, *Transforming Computer Technology: Information Processing for the Pentagon* (Baltimore, MD: Johns Hopkins University Press, 1996); Mariana Mazzucato, *The Entrepreneurial State: Debunking Public vs Private Sector Myths* (New York: PublicAffairs, 2013).

③Jonathan Gruber and Simon Johnson, *Jump-Starting America: How Breakthrough Science Can Revive Economic Growth and the American Dream* (New York: Hachette Book Group, 2019).

④Gruber and Johnson, *Jump-Starting America*.

⑤Orin Hoffman, Laura Manley, Michael Kearney, Amritha Jayanti, Tess Cushing, and Raina Gandhi, "Building a 21st-Century American Economy," The Role of Tough Tech in Ensuring Shared, Sustainable Prosperity," Harvard Kennedy School, Belfer Center, November 2020, https://www.belfercenter.org/publication/building-21st-century-american-economy.

⑥Fred L. Block and Matthew R. Keller, *State of Innovation: the US Government's Role in Technology Development* (New York: Routledge, 2011).

⑦Daniel Traficonte, "Patents over Planning: Industrial Capital and Federal Innovation Policy," PhD diss., Massachusetts Institute of Technology, 2021.

⑧Brian Lucking, Nicholas Bloom, and John Van Reenen, "Have R&D Spillovers Declined in the 21st Century?" *Fiscal Studies* 40, No. 4 (2019): 561–590.

⑨本节从多个角度讨论了该主题。请参见 Erik Brynjolfsson, Seth Benzell, and Daniel Rock, "Understanding and Addressing the Modern Productivity Paradox," MIT Work of the Future Research Brief 13–2020, November 10, 2020; John Van Reenen, "Innovation Policies to Boost Productivity," Policy Proposal, The Hamilton Project, June 2020, https://www.hamiltonproject.org/assets/files/JVR_PP_LO_6.15_FINAL.pdf; Nicholas Bloom, John Van Reenen, and Heidi Williams, "A Toolkit of Policies to Promote Innovation," *Journal of Economic Perspectives* 33, No. 3 (August 2019): 163–184; and Gruber and Johnson, *Jump-Starting America*。

⑩请参见 Pierre Azoulay, Joshua S. Graff Zivin, Danielle Li, and Bhaven N. Sampat, "Public R&D Investments and Private-Sector Patenting: Evidence from NIH Funding Rules," *Review of Economic Studies* 86, No. 1 (January 2019): 117 – 152。这项研究表明，美国国立卫生研究院的公共研发投资转变为私人部门专利申请的数量大幅提高。

⑪Robert M. Solow, "Technical Change and the Aggregate Production Function," *Review of Economics and Statistics* 39, No. 3 (August 1957): 312 – 320.

⑫Hoffman et al., "Building a 21st-Century American Economy."

⑬Van Reenen, "Innovation Policies to Boost Productivity."

⑭Yasheng Huang and Meicen Sun, "China's Development in Artificial Intelligence," MIT Work of the Future Research Brief, 2021.

⑮Van Reenen, "Innovation Policies to Boost Productivity."

⑯Hoffman et al., "Building a 21st-Century American Economy."

⑰Elisabeth B. Reynolds, Hiram M. Samel, and Joyce Lawrence, "Learning by Building: Complementary Assets and the Migration of Capabilities in U.S. Innovation Firms," in *Production in the Innovation Economy*, ed. Richard M. Locke and Rachel L. Wellhausen (Cambridge, MA: MIT Press, 2014).

⑱Mercedes Delgado and Karen G. Mills, "The Supply Chain Economy: A New Industry Categorization for Understanding Innovation in Services," *Research Policy* 49, No. 8 (2020), art. 104039; and Mercedes Delgado and Karen G. Mills, "The Supply Chain Economy: A New Industry Categorization for Understanding Innovation in Services," *Research Policy* 49, No. 8 (2020): 104039.

⑲Benjamin Armstrong, "A Firm-level Study of Workforce Challenges at US Manufacturers," MIT Work of the Future Working Paper No. 12, 2021.

⑳有关区域增长和应对区域衰退的战略的分析，请参见 Ryan Nunn and Jay Shambaugh, "The Geography of Prosperity," Brookings Institution, September 2018, https://www.brookings.edu/research/the-geography-of-prosperity; and Clara Hendrickson, Mark Muro, and William A. Galston, "Strategies for Left-Behind Places," and Benjamin Austin, Edward Glaeser, and Lawrence Summers, "Jobs for the Heartland: Place-Based Policies in 21st Century America," both in *Brook-*

ings Papers on Economic Activity, Spring 2018。

㉑Robert D. Atkinson, Mark Muro, and Jacob Whiton, "The Cas-e for Growth Centers: How to Spread Tech Innovation across America," Br-ookings Institution, December 19, 2019. https://www.brookings.edu/research/growth-centers-how-to-spread-tech-innovation-across-america.

㉒Gruber and Johnson, *Jump-Starting America.*

㉓Daron Acemoglu, Andrea Manera and Pascual Restrepo, "Taxes, Automation, and the Future of Labor," MIT Work of the Future Research Brief, 2020.

㉔经济学告诉我们，名义上无论谁纳税（企业还是工人），税收都会对双方产生一定的影响。然而，不管税收最终是降低工资还是减少利润，都会在工资和生产率之间形成一个经济楔子，扭曲投资，使投资从劳动转向资本，因为扭曲资本的经济楔子较小。

㉕Daron Acemoglu and Pascual Restrepo, "The Race between Man and Machine: Implications of Technology for Growth, Factor Shares, and Employment," *American Economic Review* 108, No. 6 (2018): 1488–1542.

㉖Matthew Smith, Danny Yagan, Owen Zidar, and Eric Zwick, "Capitalists in the Twenty-First Century," *Quarterly Journal of Economics* 134, No. 4 (2019): 1675–1745.

㉗Acemoglu, Manera, and Restrepo, "Taxes, Automation, and the Future of Labor."

㉘Nicholas Bloom, John Van Reenen, and Heidi Williams, "A Toolkit of Policies to Promote Innovation," *Journal of Economic Perspectives* 33, No. 3 (August 2019): 163–184.

麻省理工学院未来工作特别小组研究简报清单

1. EXTENDING UNEMPLOYMENT INSURANCE BENEFITS TO WORKERS IN PRECARIOUS AND NONSTANDARD ARRANGEMENTS by Katharine Abraham, Susan Houseman, And Christoph-er o'Leary

2. TAXES, AUTOMATION, AND THE FUTURE OF LABOR by Daron Ace-Moglu, Andrea Manera, And Pascual Restrepo

3. THE FALTERING ESCALATOR OF URBAN OPPORTUNITY by David Autor

4. MANUFACTURING IN AMERICA: A VIEW FROM THE FIELD by Suzanne Berger

5. THE IMPACT OF NEW TECHNOLOGY ON THE HEALTHCARE WORKFORCE by Ari Bronsoler, Joseph Doyle, And John Van Reenen

6. UNDERSTANDING AND ADDRESSING THE MODERN PRODUCTIVITY PARADOX by Erik Brynjolfsson, Seth Benzell, And Daniel Rock

7. GOOD JOBS by Joshua Cohen

8. ADDITIVE MANUFACTURING: IMPLICATIONS FOR TECHNOLOGICAL CHANGE, WORKFORCE DEVELOPMENT, AND THE PRODUCT LIFECYCLE by Haden Quinlan And John Hart

9. FACTORIES OF THE FUTURE: TECHNOLOGY, SKILLS AND INNOVATION AT LARGE MANUFACTURING FIRMS by Susan Helper, Elisabeth Reynolds, Daniel Traficonte, And Anuraag Singh

10. CHINA'S DEVELOPMENT IN ARTIFICIAL INTELLIGENCE by YashEng Huang And Meicen Sun

11. GROWING APART: EFFICIENCY AND EQUALITY IN THE GERMAN AND DANISH VET SYSTEMS by Christian Lyhne Ibsen And Kathleen Thelen

12. WORKER VOICE, REPRESENTATION, AND IMPLICATIONS FOR PUBLIC POLICIES by Thomas Kochan

13. AUTONOMOUS VEHICLES, MOBILITY, AND EMPLOYMENT POLICY: THE ROADS AHEAD by John Leonard, David Mindell, And Erik Stayton

14. ARTIFICIAL INTELLIGENCE AND THE FUTURE OF WORK by Thomas M. Malone, Daniela Rus, And Robert Laubacher.

15. WAREHOUSING, TRUCKING, AND TECHNOLOGY: THE FUTURE OF WORK IN LOGISTICS by Arshia Mehta And Frank Levy

16. SKILL TRAINING FOR ADULTS by Paul Osterman

17. COGNITIVE SCIENCE AS A NEW PEOPLE SCIENCE FOR THE FUTURE OF WORK by Frida Polli, Sara Kassir, Jackson Dolphin, Lewis Baker, And John Gabrieli

18. THE STATE OF INDUSTRIAL ROBOTICS: EMERGING TECHNOLOGIES, CHALLENGES, AND KEY RESEARCH DIRECTIONS by Lindsay Sanneman, Christopher Fourie, And Julie Shah

19. APPLYING NEW EDUCATION TECHNOLOGIES TO MEET WORKFORCE EDUCATION NEEDS by Sanjay Sarma And William Bonvillian

20. UNIVERSAL BASIC INCOME: WHAT DO WE KNOW? by Tavneet Suri

21. ROBOTS AS SYMBOLS AND ANXIETY OVER WORK LOSS by ChrisTine Walley

麻省理工学院未来工作特别小组成员

戴维·奥托（David H. Autor），经济系联合主席

戴维·明德尔（David A. Mindell），航空航天系联合主席；科学、技术与社会项目；Humatics 公司创始人兼执行主席

伊丽莎白·雷诺兹（Elisabeth Reynolds），麻省理工学院工业性能中心前执行主任；国家经济委员会制造业与经济发展部总统特别助理

工作小组成员

苏珊娜·伯杰（Suzanne Berger），政治科学系
埃里克·布莱恩约弗森（Erik Brynjolfsson），斯坦福大学数字经济实验室
约翰·加布里埃利（John Gabrieli），大脑与认知科学系
约翰·哈特（John Hart），机械工程系
黄亚生（Yasheng Huang），斯隆管理学院
贾森·杰克逊（Jason Jackson），城市研究与规划系
托马斯·科昌（Thomas Kochan），斯隆管理学院
约翰·伦纳德（John Leonard），机械工程系
保罗·奥斯特曼（Paul Osterman），斯隆管理学院
伊亚德·拉赫万（Iyad Rahwan），麻省理工学院媒体实验室
丹妮拉·鲁斯（Daniela Rus），电气工程与计算机科学系
桑杰·萨尔马（Sanjay Sarma），机械工程系
朱莉·沙阿（Julie Shah），航空航天系
塔夫尼特·苏里（Tavneet Suri），斯隆管理学院

凯瑟琳·特伦（Kathleen Thelen），政治科学系
约翰·范里宁（John Van Reenen），斯隆管理学院
克里斯汀·范·弗利特（Krystyn Van Vliet），材料科学与工程系
克里斯蒂娜·沃利（Christine Walley），人类学系

工作组顾问团

罗杰·奥尔特曼（Roger C. Altman），Evercore 公司创始人兼高级主席
安娜·博廷（Ana Botin），桑坦德集团执行主席
查理·布劳恩（Charlie Braun），定制橡胶公司总裁
埃里克·坎托（Eric Cantor），Moelis & Company 副董事长
沃尔克马尔·丹纳（Volkmar Denner），罗伯特·博世集团董事会主席
小威廉·克莱·福特（William Clay Ford, Jr），福特汽车公司执行主席
珍妮弗·格兰霍尔姆（Jennifer Granholm），美国能源部部长、前密歇根州州长
弗里曼·赫拉博斯基三世（Freeman A. Hrabowski, III），马里兰大学巴尔的摩郡分校校长
戴维·朗（David H. Long），利宝互助保险公司董事长兼首席执行官
凯伦·米尔斯（Karen Mills），哈佛商学院高级研究员
因德拉·诺伊（Indra Nooyi），百事公司前董事长兼首席执行官
安妮特·帕克（Annette Parker），明尼苏达州中南学院院长
戴维·罗尔夫（David Rolf），服务业员工国际联盟 775 创始人兼名誉主席
金妮·罗梅蒂（Ginni M. Rometty），IBM 前董事长、总裁兼首席执行官
胡安·萨尔加多（Juan Salgado），芝加哥城市学院校长
埃里克·施密特（Eric E. Schmidt），Alphabet 公司技术顾问兼董事会成员
伊丽莎白·舒勒（Elizabeth Shuler），美国劳联 - 产联秘书兼财务主管
戴维·赛格（David M. Siegel），Two Sigma 公司联合主席
罗伯特·索洛，麻省理工学院经济学名誉教授
达伦·沃克（Darren Walker），福特基金会主席
杰夫·威尔克（Jeff Wilke），Re：Build Manufacturing 主席

杨敏德（Marjorie Yang），溢达集团主席

工作小组研究咨询委员会成员

威廉·邦维利安（William Bonvillian），麻省理工学院讲师

罗德尼·布鲁克斯（Rodney Brooks），麻省理工学院名誉教授；Robust.ai 创始人兼首席技术官

约书亚·科恩（Joshua Cohen），加州大学伯克利分校法律、哲学和政治学杰出高级研究员

弗吉尼亚·迪格纳姆（Virginia Dignum），于默奥大学社会与伦理人工智能教授

苏珊·黑尔珀（Susan Helper），凯斯西储大学教授

苏珊·豪斯曼（Susan Houseman），W.E.Upjohn 研究所副总裁兼研究主任

约翰·欧伦斯（John Irons），西格尔家族基金会高级副总裁兼研究部主任

马丁·克兹温斯基（Martin Krzywdzinski），WZB 柏林社会科学中心首席研究员

弗兰克·利维（Frank Levy），麻省理工学院罗斯荣誉教授

李飞飞（Fei-Fei Li），斯坦福大学计算机科学系教授

尼古拉·洛（Nichola J. Lowe），北卡罗来纳大学教堂山分校城市与区域规划系教授

乔尔·莫克尔（Joel Mokyr），西北大学经济学和历史学教授

迈克尔·皮奥雷（Michael Piore），麻省理工学院经济系名誉博士，政治经济学大卫-W-斯金纳退休教授

吉尔·普拉特（Gill Pratt），丰田研究所首席执行官